零基础自制面膜

LING JICHU ZIZHI MIANMO

人民日报出版社

图书在版编目（CIP）数据

零基础自制面膜 / 耿沫著. -- 北京：人民日报出版社, 2013.2
ISBN 978-7-5115-1620-6

Ⅰ. ①零… Ⅱ. ①耿… Ⅲ. ①面—美容—基本知识
Ⅳ. ①TS974.1

中国版本图书馆CIP数据核字(2013)第019941号

书　　名：零基础自制面膜
作　　者：耿　沫

出 版 人：董　伟
责任编辑：周海燕
封面设计：颜森设计
版式设计：刘珍珍

出版发行：人民日报出版社
社　　址：北京金台西路2号
邮政编码：100733
发行热线：（010）65369527　65369846　65369509　65369510
邮购热线：（010）65369530　65363527
编辑热线：（010）65369518
网　　址：www.peopledailypress.com
经　　销：新华书店
印　　刷：北京盛兰兄弟印刷装订有限公司

开　　本：710mm × 1000mm　1/16
字　　数：180千字
印　　张：16
印　　次：2013年5月第1版　2013年5月第1次印刷

书　　号：ISBN 978-7-5115-1620-6
定　　价：29.90元

前言

今天，你面膜了吗？

你是否因周而复始的痘痘而自卑，不敢去约会？

你是否曾绞尽脑汁对付黑头，结果鼻子通红却不见效果？

也是否因不能改善毛孔粗大，只得涂抹厚厚的粉底全力抵抗？

没有丑女人只有懒女人！美丽不能等，

纯天然自制面膜绝对是通往你美丽路上的福星，

美女们快快行动，和这些美丽杀手say goodbye！

爱美是女人的天性，美白水润是护肤的终极目标。对于皮肤的保养方法有很多，但使用面膜则是公认的见效最快，最直接的方法。纯天然、无污染的天然自制面膜，更是当今最自然、最时尚的健康美容方式之一，已然成为无数爱美女生的美丽必修课。其成本低，面膜取材一般来自身边常见的蔬果、草本等便利的天然材料；操作简单，不用专业仪器，不用特制工具，一个面膜碗，一个搅拌棒，若干棉签等就ok；超安全，除极少数过敏体质的皮肤外，几乎不会

产生过敏现象及副作用。所以自制面膜经济实惠，安全有效，必将给你带来零负担的美肤新体验！

夏季炎热，脸部易形成一层厚厚的油光怎么办？快让皮肤充分呼吸，薄荷蛋清面膜，做尤物不做油物；鱼尾纹好难看，新鲜苦瓜面膜，轻松弹走鱼尾纹；害怕过敏怎么办？金银花绿豆粉面膜，远离过敏是王道。你不是明星，但你却可以拥有一张明星脸，只要相信自己，我们一起来做天然面膜DIY。从这一刻起本书将为你量身订制你的专业美容计划。全书囊括上百种超人气的自制面膜，零距离零基础亲情奉献，贴心又好用。其中更细心划分出“补水DIY”“防辐射DIY”“去皱DIY”等不同实用功效，真情的付出只为换来您更加健康、完美的肌肤！

耿沫

2013年3月

C O N T E N T S

目录

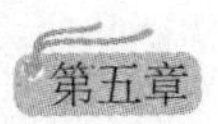

第五章

防辐射DIY：环境太恶劣，防止辐射有良方

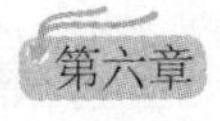

第六章

控油DIY：不做大油田，给皮肤充分呼吸

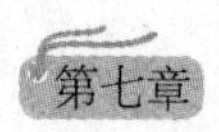

第七章

去角质DIY：对角质say no，给皮肤减负

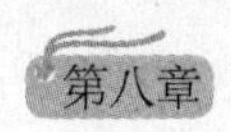

第八章

祛斑DIY：塑造蛋白肌，不做斑美人

第九章

祛痘DIY：多点时间多点爱，飞扬青春不要“痘”

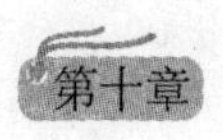

第十章

滋养DIY：给肌肤多点营养，娇嫩平滑没道理

第一章

美白DIY
一白遮三丑，做个白雪公主

第一节
牛奶蜂蜜面膜 瞬间成就你的美白容颜

牛奶蜂蜜面膜DIY

原料：鲜奶10毫升，蜂蜜10克，蛋黄一个

工具：小碗，面膜棒

配方：将上述原料全部倒入小碗里，用面膜棒将其搅拌均匀至膏状。

用法：先做好洁面工作，在面部涂抹上制作好的面膜，大约20分钟后洗去。

我的朋友小丽，是一家外企的超级业务员，从事度假酒店的运动器材推销，常常要奔波于各地的度假酒店。那些地方风景虽好，紫外线的强度可是一点都不含糊。如今正值炎炎夏日，小丽的肌肤可谓不堪重负！有哪个女孩不想做个白雪公主呢？可是，因为巨大的工作压力，小丽没有太多的时间花在美白工作上，更别提去美容院做些皮肤美白的SPA了。除了暴露在烈日下的面部、脖子以及被晒黑的四肢外，她有时还会冒出几颗讨人厌的痘痘，再加上小丽本身是干性皮肤，这么一来皮肤就越发干燥，甚至都掉皮屑了。

正当小丽哀叹自己白雪公主的梦想难以实现时，她遇到了同样从事业务工作的小雅。半个月不见，小雅的皮肤居然变得白白嫩嫩！小雅也是需要长时间在外奔波的，半个月前还一样是个“黑美人”呢！询问之下，小丽才知道小雅学会了我教给她的牛奶面膜DIY，不仅调配简单、方便，重点是效果还非常显著！用牛奶做面膜就能美白？小丽心动不已，立马向小雅讨教。

小雅知道小丽是干性肌肤，有时还是显著的痘痘肌，于是就给她推荐了一款牛奶蜂蜜面膜，方子如下：

牛奶蜂蜜面膜的做法很简单，只要将10毫升的鲜奶和10克蜂蜜倒入面膜碗中，再打上一个生蛋黄，用面膜棒将材料搅拌均匀并且调成膏状就可以敷脸了。每次只要敷个15~20分钟。

小雅告诉小丽：

“这款牛奶蜂蜜面膜特别适合像你这样皮肤干燥、有粉刺等问题的人使用，不仅可以美白肌肤、改善皮肤状况，也能减少色素沉积、防止粉刺、预防皮肤干燥，还能清洁和收缩毛孔呢！你刚开始用时，可以每天都敷，加强面膜的美白效果。等皮肤变白了，你就可以改为一周2~3次，保持肌肤的健康状况就好了。”

“这么简单呀！我这就回去敷面膜去！”小丽刚准备走，却又被小雅叫住：“别急呀，牛奶蜂蜜面膜最好在睡前敷，并且在敷面膜前要做好皮肤的清洁工作，最好能用热水的蒸汽蒸一蒸脸，好让面部毛孔打开，这样美白效果才更好呢！”

“原来是这样，那我就明白了，小雅呀，你真是我的好姐妹！”

于是每天睡前，小丽都先仔细做好面部清洁工作，并用水蒸气蒸脸，然后

调配好牛奶蜂蜜面膜，接着将面膜均匀地涂在脸上，待15~20分钟后将面膜洗去，最后拍上爽肤水就美美地睡了。

就这样坚持了三周，小丽发现她也不是“黑美人”了！她的皮肤不仅变得白皙了，而且比以前要水嫩得多，皮屑没有了，粉刺也都没再冒出来，毛孔还变小了。小丽非常开心，简直对小雅佩服得五体投地！于是迫不及待地约了她见面，准备好好感谢她。

小雅见到小丽美白成功了，也很高兴，并且又教给她一个更简单的牛奶面膜。

将纸膜浸泡在大约30毫升的冰牛奶中，待纸膜吸饱了牛奶就取出敷在脸上，10分钟后再洗去。有了这么个面膜，再强的日晒也不用怕了！

“这么神奇？你说这牛奶怎么这么神奇，这美白效果也太好了吧！”

“这你就不懂了吧？”小雅笑道，“牛奶美白可是有着很悠久的历史呢！我们知道，牛奶的营养价值很高，它所含有的蛋白质、脂肪、乳糖以及多种维生素和矿物质，都极易被人体所吸收。除了可以补充人体所需钙质，牛奶还可以美白润肤、抚平皱纹。如今在市面上，许多商家在生产护肤品时，都在其中加入了从牛奶中提取的有效成分，比如牛奶洗面乳、牛奶面膜、牛奶面霜等等。”

听到牛奶有这么好的美白效果，小丽高兴得跳了起来：“哇，我还真是孤陋寡闻了呀！不过不管怎样，我能变成‘白雪公主’可都是你给帮的忙，这顿我请，你要吃啥随便叫！”

第二节
葡萄籽面膜 透出雪白美肌

葡萄籽美白DIY

（1）葡萄面膜DIY：

原料：鲜葡萄

工具：果汁机，压缩面膜

步骤：1. 将葡萄洗干净，去掉葡萄籽

2. 用果汁机将带皮的葡萄打成汁

3. 倒出一半的葡萄汁，将压缩面膜浸在里面

用法：先将脸洗净，将面膜从葡萄汁里取出敷上，15~20分钟后揭去面膜，将脸洗净。

（2）DIY葡萄籽磨砂洗面奶：

将剩下的葡萄籽放入果汁机中捣碎，加入洗面奶。

毕业时刻到了，侄女欣欣很快就要成为职场新人了。欣欣成功地拿到了一

家公司的Offer，她将成为一家4A广告公司的销售代表，这对她来说是一个全新的开始。然而在开始上班的前一个礼拜，欣欣却受到了打击。这天全宿舍的女生在谈起工作时面容有多重要时，欣欣就被舍友们当作反面教材批了一顿："作为一个女生，且不说你要去上班这回事，就说你平时出去吧，也不打理好自己的那张门面。看看你那张脸，黯淡中带点粗糙，俨然一个小黑妹嘛！这样怎么行？"欣欣心里开始不淡定了，但她还是假装淡定地说："这家公司看上的是我的真材实料嘛，跟皮肤应该没关系吧？再说了，我也不觉着自己的皮肤有很大问题呀！"

就在上班的第一天，公司的女同事看见她便说："姑娘啊，这脸就是你的门面啊，你可要顾着点，要知道，你可是销售代表，你的门面还代表着公司呢！你要对自己的皮肤多上点心，好好打理打理，可不能这么不修边幅了。"

她赶紧找我求救。我对她说："其实你这干性皮肤，有点粗糙还有点黯淡，黝黑的皮肤一定是你天天外出发传单给晒出来的吧？我倒是有一个方法可以让你养出美白雪肌！"说得欣欣直点头。

因为知道她是刚出来的小职员，肯定没有那么多的闲钱买比较好的面膜，我教了她一个好用又省钱的方法——DIY葡萄面膜。葡萄里含有一种花青素，它能修复受伤的胶原蛋白和弹性纤维。葡萄面膜的具体做法如下：

把葡萄洗干净，去核，打成汁。倒出一半用来DIY，你把压缩面膜放葡萄汁里浸着，然后把脸洗干净，敷上那葡萄面膜，差不多15~20分钟就成。在敷面膜的时候你还可以喝上一点葡萄汁，对身体也不错。葡萄汁富含强力抗氧化物质——白藜芦醇及类黄酮等成分，可以很好地抗氧化。这样你就可以边美容边美味啦。要记住，很多时候面膜最好不要天天做，不然就得不偿失啦，不过对于第一次做面膜的人来说，第一次做面膜要连做三天，之后就一个礼拜3次就好。

在试过了三次这款面膜之后，欣欣觉得自己的皮肤开始好转，摸起来也舒服多了。“谢谢亲爱的姑姑，人家好开心，这皮肤真的好了很多呢！”欣欣兴奋地揽着我说。

我还告诉她：“你那葡萄的籽还可以利用哦。这葡萄籽可以去死皮，磨砂去皱呢。你就在做完面膜的时候把葡萄籽打碎备用，晚上你睡觉前洗脸的时候，就往洗面奶里加一点打碎的葡萄籽，这样可以更好地嫩肤！以后你可就是一白美人了。还有啊，你还可以直接将葡萄皮敷在脸上，葡萄皮上的白藜芦醇及类黄酮更丰富，是你美白的好帮手呢。”

“谢谢亲爱的姑姑，我觉得我皮肤将会细嫩润滑、光彩夺目！”

第三节
草莓鸡蛋面膜 白里透红与众不同

草莓面膜DIY

（1）酸奶蜂蜜草莓面膜

原料：草莓4颗，面粉1小匙，酸奶少许，蜂蜜1小匙

工具：小碗，面膜刷，榨汁机，小勺子

配方：1. 将草莓用清水冲洗干净，榨汁，置于小碗中。

2. 将面粉、酸奶、草莓汁和蜂蜜混合在一起，搅拌均匀。

用法：将搅拌均匀的面膜敷于脸上，15分钟后洗净。

（2）草莓鸡蛋面膜

原料：草莓3个，鸡蛋一个，蜂蜜2茶匙

工具：小碗，面膜刷，小勺子，榨汁机

配方：先将草莓洗干净榨汁备用。取出蛋黄，把蛋黄放入小碗中，加入2茶匙的蜂蜜和榨好的草莓汁，搅拌均匀，制成面膜。

用法：将面膜敷在脸上，避开眼睛和嘴巴，大致10分钟后，将脸洗净即可。

方家大小姐方小美，人如其名，十分爱美，热衷于打扮自己，但是仅限于买漂亮的衣服穿，她很少会想到要好好打理自己的面部。她有一个谈了半年网恋的男朋友，两人一直都没见过面，他们决定在今年的七夕见第一面。

不过在见面之后，男生彻底失踪了。这让方小美难受了好久。

看着她那般憔悴模样，舍友马慧慧觉得心疼了，便问她："你最近是怎么了？怎么没有跟你那个网恋的男朋友联系啦？怎么这段时间都是愁眉苦脸的样子？"

"他都没有找我了，自从那天跟他见面之后，他就消失了。"

"那见到你的时候他有什么异样吗？或者对你做了什么没？"

"也不知道怎么说，我就觉得他看我的眼神怪怪的，难道是我穿的不美……"

"我们宿舍就你穿得最好看啦，会不会是别的问题呢？"

"那有可能是你的皮肤问题哦，男生一般都喜欢女孩子白白嫩嫩的。说老实话啦，你老是买一大堆衣服，都不好好护一下肤……你看看你自己，皮肤又黑又粗糙，亏大了……"

"那我该怎么做？我才不要用外面含有添加剂的面膜呢……"方大小姐其实也害怕那些有添加剂的面膜。

"那既然这样，我就当一回好人，帮你解决肌肤问题，不过你得帮我搭配衣服，最近我男朋友都嫌我穿衣服没档次。"

"行！"

"小美，你是属于中性皮肤的，又有点黑，既然你不喜欢去买市面上的面膜，那我就教你DIY面膜吧！你呢，待会儿出去买几个草莓和一个鸡蛋回来，我们来做草莓鸡蛋面膜。"

小美很快就购置了必需品回来。马慧慧开始向小美讲解草莓鸡蛋面膜的

做法。

首先，把草莓洗干净切得碎碎的，然后取出蛋黄，把蛋黄倒进碗里去，加入两茶匙蜂蜜，再把草莓倒入鸡蛋蜂蜜那个碗里去，均匀搅拌就可以成功地DIY出可以美容的面膜了。

然后她又向小美讲解了草莓鸡蛋面膜的美容原理。

因为蜂蜜可以使皮肤更加滑嫩，跟鸡蛋一样，可以润肤，使皮肤具有弹性，白皙细腻，抗粉刺，给肌肤营养。鸡蛋就更不用说啦，蛋白质对皮肤是很有益的，还可以抗氧化。而草莓也是具有美白功能的。把蜂蜜、鸡蛋和草莓这三者一起使用，对皮肤进行护理，效果当然会好很多了。

小美听她说得很有道理，点了点头“也是！我听你的，看看你每天的护理，再看看你的皮肤这么好，我肯定信你！最爱你啦。”

“行啦，我知道你的肌肤早晚都会变好，多做几次面膜就成。再告诉你一个小秘方哦，同样可以美白，就是直接将草莓切片，敷在脸上就可以，这样我们的肌肤也可以很快地吸收草莓里的草莓酸，而草莓酸也能够有效美白。不过你要记住，因为水果里面含有果酸，你不要经常做水果面膜，不然肌肤会变薄的，那就得不偿失了……好了，咱们可以去买衣服了吧！”

第四节
西瓜面膜 美白又水润

西瓜DIY面膜

（1）西瓜美白面膜

原料：西瓜皮

工具：勺子，面膜棒，小碗

配方：在吃剩的西瓜皮上把红瓤完全去掉，再在瓜白约1cm厚的地方用勺子刮下瓜白，放在小碗中备用。

用法：将瓜白均匀地敷于脸上，17分钟后用清水（矿泉水更好）洗净，让水分自然干就好。

（2）牛奶西瓜面膜

原料：西瓜皮，牛奶，面粉

工具：榨汁机，小碗

配方：将吃剩的西瓜皮洗净，去掉绿色的皮，留下白色的那一面，切小放入榨汁机中榨汁，将汁倒入小碗中，加入牛奶和面粉，调和并搅拌均匀即可。

用法：将调制好的牛奶西瓜面膜均匀地抹在脸上，25分钟之后洗净即可。

我妹妹的肌肤属于敏感型的，肌肤问题特别麻烦。广州虽然已经入秋，可是太阳还是一如夏天般猛烈，特别是对于还要军训的她们，长时间曝晒在太阳底下，就是涂多少层防晒霜都是无济于事的。她在军训后的第一天回到家里，真把我们吓坏了。

因为长时间的曝晒，她的脸已经有点脱皮，看起来严重缺少水分，加上防护不当，脸上长了一些小青春痘和一些晒斑，皮肤也变得有些暗淡，看起来黑色素的沉淀也比较严重。

这对一个女孩子来说是致命的，特别还是青春靓丽的少女。要怎么解决这个肌肤问题呢？作为DIY面膜达人的我给了她一个建议。

有些人可能想不到，吃剩的西瓜皮其实是有大作用的，所以不要随便扔了。西瓜皮是一味很好的中药，它有清热解毒的功效，也可治疗灼伤，坚持使用可以美白，还有晒后修复的功效。

因此，我向妹妹介绍 了一个简单的方法：

吃完西瓜之后，完全去掉红瓤，拿出一个铁勺子，在瓜白1cm的地方刮下瓜白敷在脸上，每一次敷的时间只需17分钟即可。这样就可以让皮肤白皙起来。

妹妹根据我的建议，回学校做了几次西瓜面膜，两个礼拜之后，皮肤明显好了很多，只是有一些脱皮，因为她是敏感肌肤，单靠西瓜是不能彻底解决她的肌肤问题的。我便给了她另一个建议，希望可以帮助她彻底解决肌肤问题。

在每一次吃完西瓜之后，将瓜皮翠绿的部分切去，只留下瓜白，然后切成小块放入榨汁机中榨汁，之后倒入原先备好的小碗中，加入牛奶和面粉，调和并搅拌均匀后制成牛奶西瓜面膜。然后，将面膜敷在脸上，大约25分钟后洗净即可。

妹妹回学校之后又根据我教她的小秘诀，自己做了几次这个DIY面膜。据她说，敷的时候脸上凉凉的，感觉肌肤正在吸收这份面膜的养分，她觉得特别舒服。

其实这个牛奶西瓜面膜还有淡化晒斑，细致毛孔，柔嫩和增白肌肤的功能，还可以去死皮，增加皮肤的水嫩度。重要的是这款面膜适用于任何肤质的人群，对皮肤敏感的人来说，这也是一个上乘之选。

相信在用了这款面膜之后，我妹妹的皮肤变得越来越娇嫩白皙。

第五节
白芷润颜膏 中医美白不再是梦想

白芷美白DIY

（1）白芷润颜膏

原料：白芷200克（可在药店专柜购买），矿泉水200毫升

工具：面巾纸多张，小瓶一只

配方：将白芷用小刀剔除外层粗皮，之后研成细末，分为8等份，加到日常护肤品中，注意一定要搅匀。

用法：在每晚临睡前取出适量掺有白芷的护肤品涂抹在面部，敷上20~30分钟之后，以面巾纸擦拭掉，切勿水洗。初次使用，应该每天坚持，在连用半月后可改为每周3~4次，坚持3个月之后，可见美白成效。

（2）白芷蜂蜜膏

原料：白芷5克，蛋黄1个，蜂蜜1匙，黄瓜汁1小匙，橄榄油3小匙

工具：小碗一只，化妆棉若干，面膜刷一把

配方：将白芷研磨成粉之后加入蛋黄、蜂蜜和黄瓜汁，要注意的是，黄瓜

汁的比例不得大于蜂蜜。

用法：在将这几种配方调匀之后，用面膜刷涂抹在脸上，闭眼休息20分钟之后，用温开水清洗，以化妆棉蘸取橄榄油涂在面部，5~10分钟之后，再次清净面部即可。

用“天生丽质、温婉柔美”来形容林姿，一点也不为过，想当年林姿可是校花级的人物，参加工作之后更是出落得优雅端庄。林姿是人人羡慕的才女加美女。

不过，林美人最近却犯了愁，整天愁眉不展的。怎么了呢？原来，作为一名职业女性，林姿由于工作压力大、经常加班、作息时间没规律，她脸上出现了暗沉。以前白皙的肌肤时常被一层黄色物质笼盖着，整个人看起来都没什么精神。就连林姿的女友们都说：“怎么还不到30岁，就先成黄脸婆了？”这些无心的玩笑话，好比刀子戳在林美人的心头。每天清早一睁眼，林姿看到自己这张黄脸，真是郁闷到不行，连工作的信心都没有了。

所幸的是，林姿有位体贴的好老公，为了能博得美人一笑，他特地向我打听最安全、最绿色、最经济实惠的美白妙方。我给他推荐了白芷护肤的一些方法，他也详详细细地记了下来。

白芷是中医界享有盛誉的“美颜圣品”，它本身具有活血止痛、去脓生肌的效果，以白芷和其他原料搭配制作面膜，则能起到美白、润肤、去皱、祛斑的疗效。在古代医方中，白芷经常被用来医治雀斑、黄褐斑、面部痘疹、酒糟鼻、毛孔粗大等皮肤问题。每周定期用白芷进行面部保养，不仅能改善局部的血液循环，消除色素，促进皮肤细胞新陈代谢，而且，用白芷与白附子、菟丝子等研成细末之后调制成的面膜敷面，还可以软化面部皮肤、增白去黄，使人焕发神采。

“既然白芷的美白作用这么强大，那么它对于黄褐斑的疗效一定不错吧？”林姿问道。

“没错！你看在这方子上写得很明白呢，把白芷、玉竹、川芎、防风研成粉末，加入食醋就可以做成面膏，涂在脸上就能治黄褐斑了。这些东西不仅便宜，最重要的是没有化学合成物质，用起来也很安全。”老公有板有眼地说道。

既然这些方子这么神奇，林姿倒也来了兴致，她按照方子上标明的用法、用量认真敷面，在连续使用了两个月之后，人人见了林姿都夸她比以前更漂亮了，特别是那层皮肤，光滑、白皙，宛如新生儿一般。

这下林美人可得意了，以后工作压力再大，事情再多、再繁忙，她都不再担心面部的美白问题了。林姿很大方地把这些自制面膜配方分享给身边的姐妹们，不管是长有多年黄褐斑的张姐，还是天生皮肤粗糙、暗黄的秀秀，在用过一段时间之后都纷纷表示白芷美白方果然名不虚传，功效显著，而且秀秀还在成功美白之后“钓”到了如意郎君呢！

第六节
茯苓美白面膜 没有最白，只有更白

茯苓美白DIY

原料：茯苓粉，黄芩粉各1匙

工具：小碗一个，面膜刷一把

配方：将两种材料混合在一起，加适量热水搅拌均匀后即可，剩余的面膜粉应装在小瓶里放入冰箱内保存起来。

用法：将面膜敷在面部、颈部，等待15~20分钟之后用温水清洗。之后拍上日常护肤用的柔肤水就可以了。

对中医药稍微有了解的人可能都知道茯苓美容的功效，其实，作为很常见的美容圣品，茯苓粉与丝瓜水、小黄瓜汁一起使用，不仅方便、安全、价格实惠，而且对于面部色斑也有神奇的疗效。

玉琦是一个能歌善舞的女孩子，作为艺术学院里最闪耀的新星，她经常性的演出活动便成了家常便饭。开始，玉琦很为自己感到骄傲，可随着时间的推移，她发现自己的脸上特别是双颊上，开始出现了成片的斑状物。

“哎呀，这可怎么办啊？”玉琦焦急得不行，身边的朋友都劝慰她，说是因为频频参加演出太过劳累造成的，只要她放松心情，不要有那么大压力，自然就没事了。

不过，玉琦的妈妈却建议女儿不要轻视面部色斑：“休息不好、压力过大，这固然是面部出现斑点的原因。但是，你有没有想过，除了要休息好、心情好之外，还应该坚持做些什么呢？”

被母亲这样一问，玉琦觉得应该采取措施了，可是具体该怎么做呢？花大把大把的钞票去买高级护肤品吗？不行，高级护肤品不仅价格离谱，更主要的是，很多护肤品都含有激素，用久了对身体会造成极大的伤害。妈妈看出了玉琦的困扰，便带她来到药店，买了一些茯苓粉、黄芩粉回去。玉琦见状大惑不解，直到晚上，母亲递给她一个装有膏状物的小碗时，玉琦才明白，原来这是用廉价的药粉做的面膜。

开始，玉琦并没有抱多大的信心，可是在妈妈的督促下，玉琦坚持使用了一个多月，效果终于见到了！

“哎，玉琦，两个多月不见，你的皮肤怎么比以前细滑许多？每天你涂抹那么多化妆品，都不见你的肌肤有什么损伤，你皮肤保养得太好啦！”作为玉琦的好友，晓娜的话还是很可信的。就连玉琦自己都没想到，不过几十块钱的东西，居然能有这么好的效果。

作为中药材，茯苓不仅有益脾健胃、安心宁神的效果，而且还能增强机体的免疫力。有些怕麻烦的女孩，就把茯苓粉直接涂抹在脸部、颈部，加以轻柔按摩之后，同样也能起到很强的美白效果。不过要是论起功效来，还是做成面膜膏更好，一来可以持久渗透到肌肤表面，为肌肤提供水分和养料，二来也可以起到保湿、润肤的效果，特别适合干性肌肤的人使用。

现在，玉琦脸颊上的斑点已经完全消失了，就连略不均匀的肤色也比以前亮白了许多。晓娜看到玉琦的变化，羡慕得不得了，可是晓娜很犹豫，因为她是极易过敏性肌肤，很担心会出现过敏反应。玉琦告诉晓娜，其实这个美白秘方可以在咨询过医生之后再使用，一旦出现过敏反应，只要马上清洗面部，便不会出现大碍。

晓娜听后开心得很，而且她还自创了一招，把茯苓粉与丝瓜水一起敷面，既方面省事，又安全放心。想要持久拥有白皙肌肤、想要改善肤色的美女们，不信的话可以试试看哦！

第七节
绿茶玄米面膜 美白让你看得到

玄米美白DIY

（1）绿茶玄米面膜

原料：玄米（糙米），绿茶粉1匙，面粉2匙，蛋黄1个

工具：小碗一只，面膜刷一把，清水适量

配方：首先将玄米磨碎，装入小碗中，加入绿茶粉和面粉，再加入提取好的蛋黄以及适量的清水，搅拌均匀。

用法：均匀地敷在脸上，20分钟后洗净即可。

（2）小麦胚芽玄米面膜

原料：玄米（糙米），小麦胚芽精油2滴，面粉1匙

工具：小碗一只，面膜刷一把，矿泉水适量

配方：将玄米磨成粉末，装入装有面粉的小碗中，滴入精油2滴，加入适量矿泉水搅拌均匀。

用法：将面膜均匀地敷在脸上，一刻钟后洗净即可。

最近活泼的小珂情绪低落了起来，也不怎么说话，作为好朋友的我看在眼里，急在心里。一天晚上，我实在受不了她林黛玉般的样子，便把她拉到身边，问道："最近到底怎么啦，为什么一副闷闷不乐的样子？""小刚过二十天就要回国了，我们马上就可以见面了。"她慢慢地说道。"你们都那么久没见啦，马上可以见面了你应该高兴才对呀！""你看看我的脸，我都没脸见他了……"小珂终于低声说出了自己的心事。"看看也是，最近怎么跟小花猫一样了。哦，不是小花猫，是花黑猫……""你还笑我，我都愁死啦，最近皮肤差了很多，我很担心啊。不想他看到这么不完美的我，我希望我还是两年前那个皮肤特白的我……""那我来帮帮你吧。你把这个方子记下来，给自己敷几天面膜，就会变回原来白白嫩嫩的样子的。"于是我就给她提供了一个DIY的玄米美容方子，这个面膜让她这种中性皮肤更容易吸收营养成分，使得脸部的肌肤得到改善，变得白里透红，娇嫩起来。

首先，准备好玄米（糙米）、绿茶粉1匙、面粉2匙、蛋黄1个，然后将玄米磨碎，装入小碗中，将绿茶粉和面粉拌在一起，加入提取好的蛋黄，再加入适量的清水搅拌均匀，这就是一碗制作成功的面膜，最后往脸上敷20分钟就可以了。

玄米的主要成分是蛋白质，它的氨基酸成锁链状联结在一起。玄米内含有一些特殊的酶，可以把衰老退化的表皮交织层切割成细屑状剥落下来，从而加速皮肤细胞的新陈代谢，保持皮肤的光洁润泽。蛋黄也富含蛋白质，跟玄米混合在一起之后，会有更好的美白效果。而绿茶粉本身就有抗辐射和美白的功效，将这三种物质混合而成的面膜可以更好地起到美白的效果。而且还可以祛斑，软化角质，使肌肤娇嫩起来。

小珂在听完这个方子后，就立马奔向超市，买了原材料，回去自制面膜了。她做了几次面膜之后，肌肤明显好多了，也变得白皙起来。看着她这样，

我也很开心地告诉了她另一个以玄米为主料的面膜方子，也是可以美白的。

它的材料是玄米（糙米）、小麦胚芽精油2滴和面粉1匙，只要将玄米磨成粉末，装入装有面粉的小碗中，滴入精油2滴，加入适量矿泉水搅拌均匀，能够美白焕颜、美妙肌肤的面膜就出现在你的眼前了。

小麦胚芽精油可以更好地焕肤，促进皮肤的更生和柔肤，促进新陈代谢，防止色素沉淀，抗皱防皱，加上可以美白的玄米和富含矿物质的矿泉水，便是一场肌肤盛宴了。

用了这两个秘方之后，小珂的皮肤变得跟之前一样，给了回国的男友一种依然如故的美好感觉。

第八节
珍珠矿泉维E面膜 美白护肤就选它

维E美白DIY

（1）维E鲜奶面膜

原料： 维E两滴，鲜奶半小碗

工具： 压缩面膜，小碗

配方： 将鲜奶倒入小碗中，半碗即可。将压缩面膜浸入鲜奶中，然后滴入两滴维E。

用法： 面膜于鲜奶中浸泡三分钟之后，取出打开，敷于脸上。待至面膜半干，揭开面膜，用温水洗净脸部。

（2）珍珠矿泉维E面膜

原料： 适量珍珠粉，天然维E胶囊一颗，适量矿泉水

工具： 小碗，面膜棒

配方： 取适量的珍珠粉倒入小碗中，加入一颗量的天然维E油，再加适量的矿泉水。

用法：调和搅拌均匀之后敷于脸上，静待15分钟后洗净。

某日，我跟好朋友杜小若在商场里逛，她打算买点面膜回去做做。

最近杜小若每日都被电脑辐射着，皮肤明显差了很多，长了一些青春痘和斑点。要知道毕业之前她的皮肤可是令人艳羡的，白皙光泽又有弹性，没有什么斑斑点点。但是，这才工作了两个月，就已经出现了问题，红肿、黯淡且长了斑点的皮肤让她担心得睡不着觉。其实这是由于电脑的长期辐射导致的，很多朋友都跟我说过长期面对电脑产生的肌肤问题，作为护肤达人的我，当然也会给好朋友支招儿。

我便带她回家给她做DIY面膜，省钱又卫生。

我们采购了珍珠粉、一瓶天然维生素E胶囊，还有一瓶矿泉水。

回到家之后，我让她先把脸洗干净，我来负责调制面膜。

首先，我往面膜碗中倒了约30克的珍珠粉，然后撕开一颗维生素E胶囊倒入珍珠粉中，在加入矿泉水之后，因为知道她的皮肤还有红肿问题，我便多加了一点点绿豆粉，调和成了一碗面膜。

看着那碗绿色的面膜，小若问我："为什么是这种颜色的？"

"因为我在里面加了一点绿豆粉，绿豆粉有消炎清热解毒的功效，可以治疗脸上的红肿，使红肿更快地消散。而珍珠粉有美白、淡斑、消痘、去黑色、控油等多重功效。天然维生素E则是女人的法宝，首先它可以延缓衰老，保持青春活力，消除自由基，抗皱，抵色斑，美白，维生素E搭配含有矿物质的矿泉水，二者相得益彰，保证可以还你美肌。坚持使用，你会发现自己的肌肤越来越白皙水嫩，而且能够消除斑点。只要15分钟，肌肤就会得到营养哦。"

"听起来很好呢，我赶紧试试。"

15分钟之后，杜小若开口了："好棒啊，我觉得自己的肌肤就像是一个饥渴的人，不断地吸食着这面膜的养分，所有的毛孔都在张大嘴巴呼吸。皮肤没有紧绷感，很舒服。”

“照下镜子吧，美女。”

确实，杜小若的脸相比敷面膜前嫩滑了，白皙了。我嘱咐她，要坚持做，才可以得到更好的肌肤。

过段时间，我打电话问她皮肤的近况，她说现在皮肤挺好的，而且她还订了鲜奶喝，是为了使皮肤更好。我一听鲜奶，又给她支了个招：

先把压缩面膜放进半碗鲜奶里，再滴入2滴维E，浸泡将近3分钟后取出面膜，敷在脸上，等到面膜差不多干了，揭开面膜洗脸就好。

鲜奶同样有美白嫩肤效果，用这个方法，也可以使肌肤更柔嫩。真心希望我们的杜小姐能变得越来越美。

第二章

舒敏DIY
大风起兮尘飞扬，抵抗过敏最关键

第一节 甘菊牛奶鸡蛋面膜 抵抗过敏小圣手

（1）甘菊牛奶鸡蛋面膜

原料：牛奶20克，甘菊10克，鸡蛋1个

工具：小锅，小碗，面膜刷

配方：将牛奶加热至80℃，放入甘菊浸泡30分钟后将甘菊滤掉，再将蛋黄加入到过滤后的奶汁中搅拌均匀。

用法：待面膜稍凉后，将其敷在脸上，15分钟后洗掉。

（2）甘菊精油花水面膜

原料：洋甘菊精油（如果是外界环境引起的皮肤瘙痒，可以用罗马洋甘菊精油；如果是神经性引起的皮肤症状，就用德国洋甘菊精油）5滴；水50毫升

工具：小锅，小碗，面膜纸

用法：将水煮开后放凉，将精油滴入搅拌均匀，泡入面膜纸。做好洁面工作后敷在脸上，15分钟后取下。

我的朋友莉莉是体育教师，大学毕业后刚刚参加工作。新的工作、新的生活环境对于她来说既新鲜又有压力。因为工作的原因，莉莉需要每天在室外教学。

学校里的环境非常好，有花有草有柳树。可春天来了，敏感肤质的她就受不了了。本来室外环境就干燥，花粉和柳絮随着春风四处飘荡，莉莉的敏感皮肤因此就过敏了，干燥紧绷、痒得要命的皮肤上又起了小红点，弄得她苦不堪言。

好长时间没见她了，有次在路上我偶然见到她，看见她的脸又红又花，大吃一惊："莉莉，你这小脸儿怎么了，怎么这么红，还起了小疙瘩？过敏了吧！"莉莉就向我诉说了自己的困扰。我一听，就说："哈哈，这事儿难不倒我。我家女儿之前也是这样，后来被我用了两个方子就治好了。现在我家女儿的皮肤水水的，也不怕春夏交接了。"

我给莉莉推荐的面膜，主要功能就是补水、抗过敏，其中主打的成分就是甘菊。这是我的一位中医朋友向我推荐的。甘菊是一种野生的菊花科植物，希腊人称它为"地上的苹果"。它有独特的香气，可促进皮肤新陈代谢、平衡调节敏感肌肤。晒干后的甘菊还可以冲茶喝。用甘菊来镇定、润泽皮肤是最好的了。像莉莉这样刚入职场的年轻人收入不多，只能用点花费不多又健康有效的面膜。莉莉的皮肤那么干，这个甘菊牛奶鸡蛋面膜和甘菊精油花水面膜最适合她了。

甘菊牛奶鸡蛋面膜的制作方法是：取牛奶20克、甘菊10克、鸡蛋一个，将牛奶加热至80℃，放入甘菊浸泡30分钟后将甘菊滤掉，再将蛋黄加入到过滤后的奶汁中搅拌均匀，然后敷到脸上，过15分钟洗干净。洋甘菊精油花水面膜是用5滴罗马洋甘菊精油滴入50毫升煮开过的凉开水，将面膜纸放进去之后敷在脸上15分钟就好了。

这两款面膜都是每个星期敷2~3次就好

了。长期坚持使用一定会有意想不到的效果。

莉莉听了我给她开的面膜秘方，非常欢喜，就问我：“最近春天干燥，有点上火，要是没事儿煮点儿菊花茶是不是能败火啊？”我觉得莉莉这个问题问得非常到位。甘菊味微苦、甘香，具有帮助睡眠，润泽肌肤的功效，也可改善女性经前不适，可消除各种不适所引起的酸痛，退肝火，消除眼睛疲劳。可治疗长期便秘，消除莫名紧张。如果敷面膜的时候能多煮点甘菊水，一部分用来调制面膜或者当护肤水敷脸，一部分直接拿来饮用，会非常利于养生。

于是莉莉听从了我的建议，每周3次甘菊鸡蛋面膜，并坚持饮用甘菊水。后来莉莉跟我讲，说她用甘菊敷面膜的时候，效果特别明显。面膜敷在脸上15分钟后洗掉，立马感觉脸上松弛清爽了许多，连毛孔里都透着舒服，照照镜子，红肿也消退了不少，第二天早上起来，觉得皮肤变得更有弹性了。

坚持了一个月之后，莉莉惊喜地发现脸上的小红点减少了，也不干燥发红了，还水嫩了很多，人也神清气爽了不少。后来因为皮肤的情况基本稳定了，莉莉就买了面膜纸和洋甘菊精油，调和了以后直接敷脸，这样既简单又有很好的美容效果。加上坚持饮用甘菊水，莉莉说她那一个月觉得火气消了很多，身体也很轻松。爱美的莉莉攻克了皮肤缺水、过敏这两大关，开心极了，征求了我的同意后，她就把这两个面膜配方告诉了那些饱受过敏肤质困扰的姐妹们！

第二节
纯黄瓜面膜 舒敏滋润双管齐下

（1）纯黄瓜面膜

原料：鲜黄瓜1根

工具：小刀一柄

配方：将鲜黄瓜1根去皮，用刀削成薄片

用法：做好洁面工作，再将黄瓜薄片贴在脸上，保持15分钟后用清水将脸洗干净。

（2）黄瓜酒甘油面膜

原料：黄瓜1000g，伏特加酒200ml，纯净水20ml，甘油20ml

工具：小刀，干净玻璃瓶1个，小碗1个

配方：1. 黄瓜去皮、切丝，注入伏特加酒，于阴凉处存放两个星期。

2. 将黄瓜丝取出，滤净，留黄瓜酒待用。

3. 将黄瓜酒倒入碗中，并加入水与甘油，充分调匀。

用法：用面膜纸浸泡后，敷脸15分钟，然后用清水洗净；或用脱脂棉沾满黄瓜甘油汁在脸上涂抹，30分钟后用清水洗净。

温馨提示：对酒精稍微过敏的人士，可以谨慎使用！

我有个朋友是南方人，她的妹妹小芹考到北方一所大学读研，人长得美又爱美。但是她的大学所在的地方，冬天一定刮大风，刮得尘土满天飞；春天又都是花粉柳絮，搞得小芹的皮肤干燥紧绷又微微过敏。朋友说她妹妹折腾了很久，药膏啊化妆品啊也不知道用了多少种，但都不见成效。偏偏小芹又是个讲究的女孩子，化学成分太多的化妆品她也不想用，一直想找个纯天然的方式来解决自己的皮肤问题，但一直也找不到。

有次和朋友见面的时候，她接了妹妹小芹的电话，小芹抱怨了好一会儿。那是因为有次约会之前，小芹对镜自照，发现皮肤干燥脱屑，又微微发红，很不高兴，就跟她姐姐撒娇地抱怨着。朋友不好意思地朝我笑笑，说了她妹妹的事情。我听后笑着说："这个问题一点也不难解决，我给你妹妹推荐一款神秘植物，保证她用了以后皮肤能变得白白嫩嫩的。"朋友疑惑道："神秘植物？会不会很贵啊！小芹还是学生，不能用太贵的化妆品啊！"我笑了："保证你天天用也能用得起！"朋友赶紧问我到底是什么植物，怎么操作才能减轻她妹妹的症状。

我所说的神秘植物就是黄瓜。

黄瓜很常见，而且对女人护肤来说非常有用。黄瓜含有维生素C、胡萝卜素、少量蛋白质和糖类以及少量磷、钙、铁等矿物质，有消炎止痒的作用，还有减肥健美的功效。女孩子的皮肤护理最重要就是补水了，而黄瓜的补水效果是非常不错的。听朋友的描述，小芹的面部皮肤总体来说挺干的，T区部位又有点油。这种情况就可以使用纯黄瓜面膜或者黄瓜酒甘油面膜。

纯黄瓜面膜就是把鲜黄瓜洗净削皮后切成薄片敷在脸上，15分钟后洗干净就好了。敷在眼睛上还能消除眼睛浮肿和黑眼圈，还你一双明眸。不过记得洗干净之后用手轻轻地按摩一下脸部，可以使皮肤细腻滑嫩。

黄瓜酒甘油面膜需要把新鲜黄瓜去皮、切丝，注入伏特加酒，于阴凉处存放两个星期。然后将黄瓜丝取出，滤干，留黄瓜酒待用。最后将黄瓜酒倒入碗中，加入水与甘油，充分调匀。这黄瓜酒甘油水拿来敷面膜或者当护肤水擦脸都是很有效的，每次保持15分钟。

听完我介绍的面膜制作方法，朋友点点头，说："最近她们那儿的黄瓜比较便宜，要是天天吃有什么好处没有？"我回答说："你没听说过吗？黄瓜含水量为98%，并含有少量的维生素C、胡萝卜素、蛋白质、钙、磷、铁等人体必需的营养元素，所以被称作'减肥美容的佳品'呢！现代药理学研究认为，鲜黄瓜中含有一种叫丙醇二酸的物质，它有抑制糖类转化为脂肪的作用。你最近不老喊着吃胖了要减肥吗？你可以多吃点黄瓜，多吃黄瓜有助于减肥呢！而且黄瓜还有助于排便，身体里的毒素清空了，你和你妹妹的脸蛋才能漂漂亮亮呢！"

朋友便把我的话转达给了小芹。小芹听到这种有效又便宜的护肤方式十分惊喜，于是就坚持每周3次做面膜。听朋友转述，小芹第一次用黄瓜片敷过脸之后就感觉美得不行，好像每个毛孔都被深层清理了一下，特别清爽干净。再加上黄瓜片的强力补水作用，当时她就觉得自己的皮肤水水的白白的，特别开心。第二天早上起来，小芹就觉得自己的皮肤没那么敏感了。坚持了仅仅几天，小芹皮肤的干燥、脱屑、发红等症状就好了很多。看到黄瓜这么有效，小芹又自己制作了黄瓜酒甘油面膜，这三样东西搭配在一起，既补水又美白，敷过脸之后脸蛋白白滑滑的，像剥了壳的鸡蛋。如此坚持了一个月，又加上每天吃点黄瓜，外敷内服，不仅小芹觉得自己的皮肤舒服了很多，她的男朋友也夸小芹的皮肤白白嫩嫩，比刚认识的时候更漂亮了。

第三节
燕麦酸奶面膜 美味又舒服

燕麦面膜DIY

（1）燕麦蜂蜜面膜

原料：燕麦粉，蜂蜜

工具：搅拌用的筷子或金属汤匙，计量匙，小碗

配方：将燕麦粉与蜂蜜以1:1的比例混合，搅拌均匀。

用法：将调制好的面膜敷在脸上15分钟左右，再用温水将脸洗干净。

（2）燕麦酸奶面膜

原料：燕麦或是燕麦片，适量草莓酸奶

工具：金属汤匙，小碗

配方：先把燕麦或是燕麦片磨成细粉，再将一汤匙燕麦粉加上适量的草莓酸奶，搅拌均匀。

用法：将调制好的面膜敷在脸上，轻轻按摩，10分钟左右再用清水洗干净，每星期一次效果更佳。

马上就要换季了，一到换季的季节，不少女孩子就犯愁，愁什么？当然是过敏。换季的时候，皮肤最容易过敏，冒出不少的小红痘或是发红发痒。我的高中同学欣欣前段时间找上了我，说自己一直饱受着过敏的折磨，这不又换季了，夏天还没过完，她就已经开始到各大化妆品店买面膜，买抗过敏洗面奶以及保湿乳液什么的，真可谓下了血本。但是换季时节一到，她的梦想又破灭了，又开始发痒发红，尤其是鼻头，同事们都以为她感冒了，不停地擦鼻涕，她也只好说自己是鼻炎犯了。可是今天早起一照镜子，发现自己的脸上隐隐约约地出现小红痘了，欣欣那叫一个着急，一整天都工作不下去。

欣欣本来是叫我陪她一起买面膜的，还说自己要下血本，让我推荐一些觉得不错的面膜给她，我听她这样一说，立即就笑了，就这么点儿事还值得下血本？然后我就告诉她说，自己以前也是这样，一到换季的时候就过敏，皮肤特别粗糙，但是买不起那么高级的护肤品，只好自己学着做，于是我就把自己做的面膜推荐给了欣欣。

把燕麦粉和蜂蜜用1:1的比例搅拌调匀，做成膏状，就可以直接敷在脸上了，敷上15分钟，用温水洗干净。还有一种是燕麦酸奶面膜，先把燕麦磨成细粉放在面膜碗里，然后加入适量的酸奶，搅拌均匀，把脸洗干净，就可以直接敷上了，不过这一款面膜需要自己动手轻轻地按摩，有过敏症状的时候，一星期两次，等症状消失了，一星期一次就行。

大家都知道燕麦是用来吃的，其实燕麦对皮肤也特别好，燕麦含有丰富的蛋白质和矿物质，能增强肌肤的防御功能，而且温和抗过敏，再加上蜂蜜的作用，肌肤就更容易吸收营养物质并增强抵抗力了。而且燕麦还能去角质，这第二款燕麦酸奶面膜就有去角质和抗过敏的作用，不仅让你远离过敏的烦恼，还能让你的皮肤白白嫩嫩。

欣欣将信将疑地把我的法子记了下来，正所谓死马当作活马医，反正她也

没有什么好方法，就只好试一试了。我们住在一个小区里，大家都比较忙，所以也很少见面，偶尔一次见到了，我就赶紧问她怎么样，她说自己用了一次就觉得脸上滑滑的，不再那么痒了，觉得有效，就一直坚持使用，反正一次也花不了几块钱。一个月下来，她就发现自己的脸不但不发红不发痒了，还特别嫩滑，这可把她高兴坏了。

我告诉她，这季节性的皮肤过敏，其实一方面是因为气候变化导致的，另一方面是由于身体没能适应气候的变化而导致的调节失调，所以要内治、外治结合，做到内外均衡，这样既保证了健康，又拥有了好皮肤，何乐而不为呢？欣欣立即来了兴致，叫我继续说下去。

燕麦是低糖高营养、高能食品，其中的膳食纤维对健康特别有好处：通便益气，还能减肥。要是一边做燕麦面膜一边喝燕麦粥，可以想象一下，这是多么美好的事情。

欣欣想象着自己拥有了洁白嫩滑如剥了壳的鸡蛋似的皮肤，别提多高兴了！

第四节
蜂蜜蛋清面膜 消炎、保湿、舒敏三部到位

（1）蜂蜜蛋清面膜

原料：蜂蜜，鲜蜂王浆，鸡蛋清，花粉

工具：汤匙，小碗，面膜棒

配方：将一匙蜂蜜和一匙鲜蜂王浆混合加入小碗中，然后加入鸡蛋清，再加入适量花粉和水，用面膜棒搅拌，调成糊状。

用法：清洗面部，将调制好的面膜敷在脸上，大约20分钟，用清水洗去。

（2）蜂蜜番茄面膜

原料：番茄，蜂蜜，面粉

工具：小碗，面膜棒

配方：先将番茄压榨取汁，倒入碗中，加入适量蜂蜜和少许面粉，调成膏状。

用法：清洁面部，将调制好的面膜膏轻轻涂于脸部和颈部，大约20~30分钟，用清水清洗。

我的大学同学美美，从小就是个美人胚子，大学毕业以后进入一家公司成

为了业务员。众所周知，业务员嘛，每天就是跑业务，每个月的薪水是和自己的业务挂钩的，挣得多的，像大老板，挣得少的，填饱肚子都困难。美美初入职场，立即感受到了来自社会和工作的巨大压力，吃也吃不好，睡也睡不好，工作一个月，脸上突然冒出了痘痘，又大又疼，而且脸上很干燥，还总是脱皮。小美人刚入职场一个月就成了黄脸婆，这怎么能不着急呢？于是，她就找上了我，说脸上干得要命，她说自己的脸已经没法见人了，我连忙问到底是怎么回事，她就把这些情况告诉我了。

我看见美美眼泪都快掉下来了，来不及安慰，急忙告诉她，她的皮肤主要有两个问题，第一就是有炎症，第二就是需要补水，然后我给她推荐了两种面膜。

美美一听，像找到了大救星似的，立即拿出笔和本准备记下来。

这两种面膜的主要成份都是蜂蜜。第一种面膜，是蜂蜜蛋清面膜。准备一个小碗，将一匙蜂蜜和一匙鲜蜂王浆混合加入小碗中，然后加入鸡蛋清，再加入一点儿花粉和清水，然后搅拌均匀，调成糊状就可以敷脸了，一般20分钟。另外一种是蜂蜜番茄面膜。其制作方法是：先把番茄压烂，取出番茄汁，然后再加上蜂蜜和一点面粉，同样的搅拌方法，调好之后可以敷半个小时。

美美觉得这也太简单了，有没有效果呀？我笑了笑，说："这吃蜂蜜的效果想必人人都知道，把蜂蜜涂在脸上，这效果可就不见得有人知道了。蜂蜜，能滋润和营养皮肤，使皮肤细腻、光滑、有弹性，最重要的是蜂蜜能抗菌消炎、促进组织再生，像我介绍的第一款面膜，就是给你抗菌消炎用的，它的消炎效果可不一般，而且还能有效避免痤疮的再生呢！第二款则是保湿补水的，相信有了这两款面膜，你这小脸蛋很快便会好起来了。"

美美对我很感激，她说明天休息，什么也不干就在家里做面膜了。我说你试试看，如果没效果，再找我。过了大概一个月吧，这丫头打电话约我，我都快忘了这回事了，问她干嘛，她说有急事，结果见了面才发现，她像完全变了一个人似的，还和我说自己第一次做，也不知道是因为心理作用，还是真的有效果，她觉得很不错，于是按照我的方法，隔一个晚上就给自己做一次面膜，两种面膜交叉使用，一个月的时间，她发现自己的漂亮脸蛋又回来了。非但如此，她这脸蛋一好，气色就好起来了，人也精神了，接连谈了两笔生意，美美这下可高兴坏了。

不过想要做蜂蜜面膜，蜂蜜是关键呢！所以还要提醒大家，这蜂蜜可一定要纯的，千万不要贪便宜，在大街上随便买点蜂蜜就算了。据我的经验，云南花康的蜂蜜效果特别好，大家可以试一试。我这么一说，倒是提醒了美美，她说自己上次在大商场买的蜂蜜，非常贵，因为是在脸上擦，所以不敢马虎。

其实也不用像美美这样用那么贵的蜂蜜，市场上就有好蜂蜜，不过大家得会挑。真蜂蜜特别黏稠，而且挑起来有长丝不断开，然后再闻，真蜂蜜是植物花香，那些假的掺了糖，都是一股水果糖味。你还可以做个试验，拿一点儿碘酒，滴两滴蜂蜜，要是颜色变黑了或是颜色变得暗灰的话，那就肯定不是纯蜂蜜。

第五节
胡萝卜蜂蜜蛋清面膜 勇敢对过敏say no

（1）胡萝卜蜂蜜蛋清面膜

原料： 胡萝卜，蜂蜜，鸡蛋

工具： 汤匙，面膜棒，搅拌机，小碗

配方： 先将胡萝卜洗干净后去皮，然后用搅拌机将其捣碎，放入小碗中，再加入蜂蜜2匙和蛋黄，调成糊状的面膜。

用法： 将面膜敷在脸上，要避开眼睛和嘴巴，大概10～15分钟，用温水将脸清洗干净。

（2）胡萝卜面粉面膜

原料： 鲜胡萝卜500g，面粉5g

工具： 小碗，面膜棒，捣碎器

配方： 将鲜胡萝卜洗干净，然后捣碎，再将捣碎的胡萝卜及其汁液加入面粉，搅拌成泥状。

用法： 洗清面部，将做好的胡萝卜泥敷在面部，10分钟之后清洗干净。

我的朋友晴晴，是一名连锁健身俱乐部主管，说实话，大家都挺羡慕她这份工作的，说既可以工作，还可以健身，又赚钱又健康，不像某些上班族，是在用健康换钱。每次大家出去玩，都要对她表示羡慕嫉妒恨。前段时间，听说她出差了，结果回来没多久就来找我了，我一看这可不得了，以前的晴晴，皮肤超好，现在一看，都是痘痘。她这才抱怨说，因为健身俱乐部是连锁店，各家店之间免不了要有联系什么的。别的城市刚开了一家分店，因为各方面的经验欠缺，所以总部决定派她过去支援一个月，这一下可不要紧，一个月回来，店里的人都快不认识她了，晴晴像变了一个人似的，满脸的痘痘，又红又肿的，简直是惨不忍睹。晴晴也是无奈啊，到了那边她很不适应，也不知道是过敏还是怎么的，一下子就长了这么多痘痘，本以为回来就会好的，可是回来发现也没什么起色。

我仔细观察了一下她的脸，告诉她，她的脸的确是过敏，如果不及时治好，恐怕这些痘痘还会落下疤痕。晴晴吓坏了，哪个女孩想让自己脸上这样啊，说着说着，他都快哭出来了。于是我急忙把胡萝卜面膜的制作方法教给她。

第一种，就是用胡萝卜和鸡蛋，把洗干净的胡萝卜去皮，然后捣碎了，再加上蜂蜜和蛋黄，用力搅拌一下，调成糊状就能敷脸了，记住要避开眼睛和嘴巴，敷上15分钟就OK了，最后用温水洗干净。

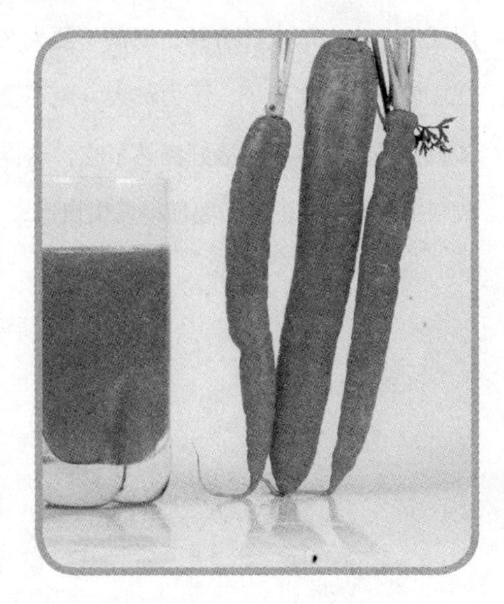

第二种面膜更简单，就是把新鲜胡萝卜捣碎，那些果汁都别扔，一块放在碗里，然后加上点儿面粉，就行了，10分钟左右就能洗了。

晴晴知道我在养颜养生上一向在行，二话不说，立马用手机把这些记

了下来，还说要是有效果肯定感谢我。没想到这一晃两个月过去了，也没见晴晴联系我，我以为是面膜没效果，准备看看还有什么别的好办法，没想到这个时候接到了晴晴的电话，晴晴说自己当天回家就去菜市场买了胡萝卜，这两款面膜她都试了试，效果真的不错，坚持了一个月，这痘痘就少了许多，用了两个月，烦人的痘痘终于不见了。晴晴可高兴了。

胡萝卜具有丰富的维生素A，吃了不仅对眼睛好，对付皮肤的过敏问题也十分有效，而且那些胡萝卜素啊、其它维生素啊，吃进肚子里对身体好，敷在脸上对皮肤也好，能抗氧化和美白，还能清除肌肤的多余角质，对油腻痘痘肌肤更是有镇静舒缓的功效，配上蛋黄和蜂蜜，还有保湿的效果。第二款面膜虽说简单，但是功效也不小，消炎抗敏最有效，能祛除青春痘，对付暗疮也有效果，还能有效防止皱纹呢！要是单用胡萝卜能捣得比较黏，就不要用面粉了，另外，用那些胡萝卜榨取的汁液洗脸也很有效果噢！

晴晴以前只知道这胡萝卜吃了对身体好，没想到还有这么奇妙的美肤效果，真是小看了这小小的胡萝卜。我继续给她传授了一些小秘诀，第二个面膜隔天敷一次，每次10分钟，时间不要太久，少量多次，效果最好。而且，像现在职场的这些女孩子，压力都大，免不了长个痘痘什么的，内外兼治效果最好了，要是吃胡萝卜，最好煮熟了吃，这样胡萝卜素更容易溶解，人体更容易吸收利用。年纪轻轻的，要懂得爱惜自己，爱惜自己就从自制面膜开始吧。

第六节 莴苣蔬菜面膜 不红不肿也不痒

（1）莴苣面膜

原料：莴苣叶，水

工具：纱布，小碗

配方：将莴苣叶切碎，加入少量水，放入锅中，煮5分钟，然后包入纱布。

用法：将煮好的莴苣叶包入纱布中趁热敷在脸上10～20分钟，将脸上的汁液用清水洗干净。

（2）莴苣酸奶面膜

原料：莴苣，酸奶，鸡蛋

工具：小碗，面膜棒

配方：取几片莴苣叶子清洗干净，然后切碎，放入碗中，加入蛋黄以及适量酸奶，一起捣碎成泥状。

用法：清洗面部，将捣成泥状的莴苣敷在脸上，大概15分钟后，用清水洗干净。

我有一个表妹叫清然，在一家皮毛公司上班。皮毛公司建在郊区，有一大片

厂房，虽然是正儿八经的白领，在办公大楼里工作，但是仍免不了去旁边的飘满毛毛车间里找人办事，而且不只是车间里有毛毛，就是公司外面，也飘着不少的毛毛，一旦窗户关不紧，它们就会飞到办公室里去。清然对这些毛毛十分过敏，其实也不是什么大毛病，就是脸上偶尔会发红发痒，严重的时候，有一点儿肿。但是哪个女孩子不喜欢美啊，脸上总是红红肿肿的多难看，而且痒起来还不能挠，特别难受，所以她尽量少去车间，少出门，一下班立即跑出公司。每天洗脸的次数也多达五六次，一觉得脸上有东西，就急忙去洗手间洗脸。

前段时间，我们一起去逛街，不一会儿的功夫，她连着去了好几次洗手间，我就问她是不是尿频啊，她说自己不是去上厕所，是洗脸去了。

我急忙提醒她，总是这样频繁的洗脸对皮肤不好，洗脸过多，容易破坏皮肤的角质层。

然后我给她介绍了两种莴苣面膜。

第一种，就是单纯的莴苣面膜，把莴苣叶子切碎了，加点儿水，放进锅里煮，煮上5分钟，放在纱布里，趁着热气赶紧敷在脸上，大概10分钟，就可以洗脸了。

第二种，是莴苣酸奶面膜，把莴苣叶子清洗干净，然后切碎，放在碗里，加上酸奶和一个蛋黄，一起捣碎成泥状，敷在脸上，15分钟之后再洗干净就可以了。

清然第一次做没有经验，跑到我们家里让我手把手地教，不过她第一次做完没效果就泄了气。我就赶紧告诉她，这又不是泻药，吃完马上就有效果，贵在坚持，要坚持一段时间才会有效果的，清然点点头，抱着必胜的决心回了家。没想到过了一段时间，清然主动找上门来了，她说自己坚持了一段时间，效果果然就出来了，皮肤发痒的状况减轻了许多，红肿也少了。而且，最近一段时间，她还发现自己面对那些毛毛的时候，已经没有之前那种感觉了，不像从前，只要沾染上，皮肤立即就会发红发痒。

其实像清然这样频繁洗脸对皮肤特别不好，皮肤油脂太多不好，一点儿油脂没有更不好，要均衡一下，皮肤才能细细滑滑的。莴苣含有丰富的维生素和微量元素，用莴苣的汁液做面膜和护肤液，对受刺激的皮肤效果特别好，而且莴苣面膜还可以治疗阳光灼伤、粉刺和毛细血管扩张。第二个面膜主要是发挥莴苣蛋黄和酸奶的综合效果——抗氧化，收缩毛孔，补充肌肤水分。这种面膜对像她这样因为过敏而缺水分的皮肤正合适。

另外，做面膜时剩下的汁液，可以留下来，因为里面也有不少莴苣的天然成分，可以用来洗脸或是擦脸，补水保湿，抗过敏。不过，大家需要坚持，不能说现在没症状了，就不做了，最好是一星期一次，也别太多了。

第七节
金银花绿豆粉面膜 远离过敏才是王道

（1）金银花绿豆粉面膜

原料： 金银花，绿豆粉，纯净水

工具： 面膜棒，小碗

配方： 将金银花和纯净水放入锅中，大火煮沸后，小火再煮5分钟，然后滤取药液，晾干，将绿豆粉和滤取出来的药汁混合，充分搅拌，调制成稀薄适中的糊状。

用法： 清洁面部，用热毛巾敷脸大概5分钟，将调制好的面膜均匀敷在面部，注意避开眼部、眉毛和嘴唇，时间大概15分钟，用清水彻底清洗干净。

（2）金银花菠萝面膜

原料： 金银花，通心粉，菠萝

工具： 榨汁机，小碗，勺子，面膜棒

配方： 把菠萝去皮，洗干净之后切成小块，放入榨汁机，将榨好的汁液放进小碗中，把通心粉和金银花放在一起磨成粉末，一起倒入小碗中，和菠萝汁一起搅拌至黏稠。

用法： 清洁面部，将调制好的面膜均匀敷在脸上，大概10～15分钟即可清洗。

我家小区附近有一家市场。前段时间，我闲来无事，出去溜达溜达，路过市场，看见一个挺漂亮的女孩子正和自己的男朋友吵架，女孩子挺委屈，像是要哭了似的，我就过去询问了一下情况。原来她是个外地女孩，和男朋友一起过来打工，在市场里摆了一个小摊，可是女孩子也不知道怎么了，特别受不了这市场的味道，一进去就头晕，脸上还长了一堆痘痘，再加上起早贪黑的，吃不好也睡不好。刚才就是抱怨了几句，男朋友就不高兴了，说她太娇气了，不适合来城里打工。

我想了想，仔细观察了一下女孩子的皮肤，认为还没到不可救药的地步，于是问女孩知不知道金银花，她说知道，然后我就把金银花面膜教给了她。

先准备一些金银花，买一瓶纯净水，一起放在锅里煮，等到开锅了，把火调小，再煮上5分钟，把药汁滤出来晾凉，然后把绿豆粉和药汁一起搅拌，搅拌成糊状，然后就可以做面膜了，先把脸洗干净，用热毛巾敷脸大概5分钟，然后把做好的面膜敷在脸上，大概15分钟，就可以清洗了。

女孩子半信半疑地看着我，我向她解释自己在家做过，很有效，叫她有空试一试，紧接着听见她男朋友喊她，她就赶紧回去了。有次家里来了客人，我就去市场里买点儿东西，不留神，突然就被人抓住了手，回头一看，真没认出来这个人，女孩急忙说前段时间见过，我还教她做面膜，我这才想起来，原来这个女孩就是之前和男朋友吵架的那个人。

那女孩问我，为什么我的方法这么有效，我向她解释说，金银花本来就是清热解毒的，不光可以内用，也可以外用，这种面膜对付痤疮和痘痘特别有效，尤其适合油性皮肤或混合性皮肤。面对一个新的环境，大家多少有些不适应，因为就会有些过敏的症状，再加上起早贪黑的，肝内有火，所以就应该增强一下皮肤的抗敏性。

女孩子连连道谢，于是我又教给她一种新的面膜制作方法。

把菠萝去了皮洗干净，用榨汁机榨成汁，然后把通心粉和金银花一起磨碎，和菠萝汁放在一起搅拌，等到它黏稠了就可以用了，把脸洗干净之后，直接敷在脸上，大概10~15分钟就可以洗了。

这种面膜主要是针对油性皮肤和混合性皮肤的，一星期用一到两次，不仅痘痘能消除，皮肤的防御能力还能得到提高，从而变得光滑细腻。我们平日里这样起早贪黑地工作，免不了着急上火，对此，我们一定要内外兼顾，除了喝金银花泡的水，还要坚持敷以金银花为主要成份的面膜，这样我们的皮肤才会更健康、更光滑。

第八节
蜜桃杏仁面膜 不惧花粉不畏寒

（1）蜜桃杏仁面膜

原料：桃子，杏仁粉，蜂蜜，鸡蛋

工具：汤匙，面膜棒，小碗

配方：取半个桃子，去皮去核，将果肉捣烂，放入碗中，加入两小匙杏仁粉，两小匙蜂蜜和一个鸡蛋，一同搅拌均匀。

用法：清洁面部后，将做好的面膜均匀敷在脸上，等待15分钟后，用清水洗净。

（2）杏桃面膜

原料：桃，杏

工具：面膜棒，小碗

配方：将半个桃子和半个杏，去皮去核，将果肉捣成泥状。

方法：清洁面部，将做好的面膜均匀敷在脸上，保持30分钟，用清水清洗。

前段时间，一个大学同学约我吃饭，大学的时候，我们是上下铺。她叫一冰，人如其名，长得俊俏，人也聪明。后来工作之后，我们就只有在QQ上联系

了。这次她莫名其妙地找我吃饭，让我有点儿惊讶。见面之后我发现她的变化真是挺大的，以前那么水灵的一个人，现在她的皮肤却变得十分粗糙，而且隐约还能看见一些小红疙瘩。聊了几句才知道，她谈恋爱了，遇上点麻烦事，心情不好才约我出来的。

毕业之后，她一直忙着工作，没找男朋友，近一段时间好不容易交上男友了，没想到第一次男朋友送花，她就有些过敏，脸上小红痘痘全都冒了出来。现在天气转凉，她又开始对冷空气过敏，皮肤又干燥又粗糙，用了多少护肤品都没有用。她着急的是，最近要去见男朋友的家长，总不能顶着满脸痘痘去吧。

以前那么风风火火的小丫头，如今也开始为恋爱的事情烦心了。我连忙教给她方法。

第一种蜜桃杏仁面膜，取半个桃子，去皮去核，把果肉捣碎，放在小碗里，然后加两小匙杏仁粉，再加两小匙蜂蜜和一个鸡蛋，放在一起搅拌均匀，把脸洗干净之后在脸上敷15分钟，再用温水洗干净。

第二种杏桃面膜，半个桃子半个杏就可以，同样是去皮去核，放在一起捣碎，洗脸之后，敷上半个小时，洗干净。

一冰难以置信地看着我，她觉得太简单了。我让她回去试试，并顺便跟她解释了一下。桃子里面富含丰富的矿质元素、纤维素以及胡萝卜素，杏仁富含维生素B_{17}，对清润解毒最有效果，这两者搭配在一起，能够提高皮肤的抗过敏性，对过敏性皮肤和阳光灼伤的皮肤特别有效。

另外，这杏桃的果核中含有一种油，有平静神经，增强肌肤愈合能力的作用，因此这两种面膜大家可以经常使用。我突然想起一冰要见公婆的事，便又教给她两个防止过敏的绝招。

用两小汤匙奶粉和黄瓜汁调和均匀，敷在脸上，就可以防止皮肤过敏了，万一再过敏了，还可以将鸡蛋清调散，加上面粉，搅拌均匀敷在过敏的地方，对消炎消肿特别有效果。

当把这都教给一冰的时候，这丫头一个劲儿地说佩服我，还说要拜我为师，我笑了笑说，还是赶紧忙着去见公婆吧！

第三章

补水DIY
水做的骨肉，水水惹人爱

第一节
柠檬水果面膜 带你远离干燥试验田

原料：柠檬半个，酸奶2大匙，蜂蜜2大匙

工具：榨汁机，水果刀，面膜碗，搅拌筷

配方：1. 将柠檬洗净，去皮切片，置于榨汁机中榨取柠檬汁；

2. 把柠檬汁、酸奶、蜂蜜一同倒入面膜碗中；

3. 用搅拌筷充分搅拌，调和成稀薄适中、易于敷用的面膜糊状，待用。

用法：1. 先用温水清洁面部后，再以热毛巾敷脸约3～5分钟；

2. 接着取适量调制好的柠檬美白面膜仔细地涂抹在脸部及颈部；

3. 敷面膜时要注意避开眼部、唇部四周的细嫩娇弱的肌肤；

4. 静敷约15～20分钟后，以清水彻底洗净面部，进行肌肤的日常保养。

立秋已到，虽然天气炎热不减，但是皮肤已经开始向我们传达秋的信号了。皮肤紧绷，干涩没有弹性，严重时甚至起皮，这是秋天肌肤常见的问题。

一大早，我就听见同事小玲嘟囔着，脸上怎么起皮了？难道是因为昨天吃坏了什么东西过敏了？听起来就是一副忧愁的样子。

过来玩的朋友小婉看了看小玲的脸。那块因为起皮而发白的皮肤，在拥有健康的“小麦色”肌肤的小玲的脸上越发明显。小婉也说，怎么觉得她的脸好像也干干的、紧紧的、不舒服。小玲立马看看摆了一堆的瓶瓶罐罐，叹着气说："整天抹这些，却一点效果也没有。"

拍爽肤水的声音都传到我这边了，我说如果想给皮肤补水，其实很容易，我有一个好法子，便宜又有效果。于是两个人迫不及待地让我告诉她们应该怎么做。

取半个洗干净的柠檬，去掉皮，用榨汁机榨柠檬汁。再加两大匙酸奶，还有两大匙蜂蜜，加点面粉，搅拌均匀。一个柠檬活力醒肤DIY面膜就完工了。

我就告诉她们，柠檬是一种营养和药用价值都极高的水果，具有很强的抗氧化作用，对促进肌肤的新陈代谢、延缓衰老及抑制色素沉淀都十分有效，能很好地保湿和平衡肌肤。蜂蜜则是一种天然的营养品，具有清热、解毒、润燥的作用。两者配合使用，保湿效果超级好。

她们听我这么一说，下班后就迫不及待地回家敷面膜去了。

我嘱咐她们，敷面膜前要先用温水洗个脸，然后敷约15～20分钟洗掉就可以了。敷过后，两人的脸蛋儿果真又重回水嫩嫩的样子，拿着镜子美得都不肯放下了。

其实，由柠檬、酸奶、蜂蜜做成的这种面膜，其有效成分能充分渗透至肌

肤深层，帮助滋养肌肤，并能促进肌肤细胞再生，改善黯沉，令肤色白皙，肤质细腻。

需要补充的是，这款面膜每个星期使用1～2次就好，也不用天天弄。而且最佳的使用时间是晚上，因为柠檬里含有感光成分，被阳光照射可能会有光敏反应，这一点一定要记得。

第二节
芦荟面膜 拥有响当当的水润

原料：芦荟，面粉，鸡蛋清，牛奶

工具：水果刀，榨汁机，面膜碗，蛋清分离器

用法：选择新鲜的大芦荟，将其切成小段，并放进榨汁机中制成汁，倒在干净的小碗中。之后加入一个鸡蛋清，适量面粉和牛奶，搅拌均匀成糊状，将其敷在面部，结合按摩效果更好。

在许许多多的补水护肤品中，芦荟总是被一而再、再而三地提到。芦荟中含有的氨基酸和复合多糖，是天然的保湿因子，能够补充皮肤中损失掉的部分水分，恢复胶原蛋白的功能，防止面部皱纹，使皮肤光滑、柔润、富有弹性。所以，用芦荟给肌肤补水，是极好的选择。

佳佳是我姑妈的女儿，长得水灵极了，特别是那白嫩的皮肤，让我好生羡慕。她以前的学习成绩很好，能力又强，今年刚毕业就找到了一家不错的公司。当然，工作量和所要承受的压力也会相对大些。

上个月姑妈打电话过来，让我去看看她。到她家后，是佳佳给我开的门。刚进门看到佳佳的脸，我吓了一跳：她的皮肤粗糙，毛孔粗大，没有什么光泽，还有点泛黄。曾经那么水灵的姑娘，几个月的时间就能成“黄脸婆”？

佳佳哀怨地跟我说，现在的她工作很繁忙，又赶上换季，秋天的气候就是又干又燥的，天气还热得要命。她是油性皮肤，总是油光满面，一天要洗好多次脸。洗完干得要命，她又不敢涂护肤的，这样一来她像是老了好几岁。

我指了指姑妈摆弄的芦荟，告诉她不用叹气，她的肌肤只是暂时干燥，需要补水。而能够拯救她的就是芦荟了！

佳佳半信半疑地说之前她也听过芦荟可以用来护肤，但就是没试过。这回，她非常想尝试一下。

我让佳佳找了一片大芦荟，切成小段后用榨汁机榨汁。我拿来了一个鸡蛋，去掉了蛋黄，将蛋清加入芦荟汁里。然后，加入适量面粉和牛奶，搅拌均匀成糊状，DIY芦荟补水面膜就大功告成了。

弄好面膜，我叫她敷上试试。佳佳二话没说就敷上了面膜。

15分钟之后将脸洗干净，佳佳边照镜子边兴奋地摸着自己的脸蛋，说感觉真的好多了，一定要继续坚持下去。

第三节
橄榄油香蕉面膜 给你最水润的呵护

（1）橄榄油蜂蜜面膜

原料：橄榄油，蜂蜜，面粉

工具：搅拌用的筷子或金属汤匙，计量匙，面膜碗

配方：橄榄油2滴，蜂蜜1匙，面粉适量

用法：将橄榄油与蜂蜜一起倒入面膜碗中，混合均匀，然后根据需要加入适量的面粉，再用搅拌筷充分搅拌，调和成面膜糊状，将调制好的面膜敷在脸上，待15～20分钟后，用清水彻底冲洗干净，再进行肌肤的日常保养。

（2）橄榄油香蕉面膜

原料：香蕉，橄榄油

工具：搅拌机，面膜棒，金属汤匙，面膜碗

配方：香蕉1根，橄榄油1小匙

用法：用搅拌机将香蕉捣碎，同时在捣碎过程中视情况加入适量的橄榄油，待搅匀之后，静敷于脸上10～15分钟，再以清水冲洗干净。

秋季是一个凉爽的季节，然而秋季也是一个干燥的季节。在这个干燥的秋

季，不女孩因为自己紧绷的肌肤而感到非常不舒服。肌肤深层补水不足，再加上外部保养欠缺，就容易导致肌肤严重缺水，皮肤干燥、紧绷、脱皮等现象层出不穷。

我的大学朋友静静最近时常和我抱怨，说她那过敏性肌肤一到秋季就开始出现缺水、干燥、脱皮等现象。为此，她还下了血本，在各大护肤品专卖店淘了各种补水保湿的护肤用品。这些护肤品在初次使用的时候，效果还算不错，但是等她用过一段时间之后，肌肤却又开始出现过敏、干燥等现象，为此她苦恼了很久，为了这个事情甚至连课都很少去上，就怕别人看到自己这张干燥紧绷的脸。

周末的时候，静静打电话约我陪她出去淘护肤用品，说自己这次一定要找到适合自己肌肤的护肤品，还说为了解决自己的皮肤问题，无论花多少钱，她都愿意。听到她在电话中焦躁而又坚决的语气，我笑着告诉她，其实她没必要为了这个事情而纠结，我有办法帮她找到适合的面膜。听了我的话，静静瞬间来了精神，迫不及待地问我，究竟有什么办法？于是，我把自己的私人珍藏推荐给了她。

先将橄榄油与蜂蜜一同倒在面膜碗中，混合均匀，然后加入适量的面粉，用搅拌器具充分搅拌，直至将面膜碗内的东西调和成稀薄适中、易于敷用的面膜糊状。最后，将面膜敷于脸上约15～20分钟，再以清水彻底洗净面部。还有一种是橄榄油香蕉面膜，这款面膜制作比较简单，只要用搅拌机将香蕉捣碎，同时在捣碎的过程中加入适量的橄榄油，搅匀之后静敷于脸上10～15分钟，再以清水冲洗干净。

静静听了我的方法后没有吱声，通过她的沉默，我就可以看出她有点不太相信，觉得不可能这么轻易就能化解秋季的干燥。于是，我苦口婆心地说，这蜂蜜、香蕉和橄榄油都是天然物品，对皮肤无害。静静听了我的话后，觉得我说的也有道理，反正自己用了那么多护肤品也没找到一款合适的，而且这些天然面膜又对皮肤无害，不妨一试，于是她就将我说的方法记了下来。回家试用了一段时间。两周后，我接到静静的电话，她在电话中兴高采烈地说，她本来打算要放弃的，但是听了我先前给她推荐的DIY面膜之后，回去试用了一下。没想到一个月坚持下来，就发现自己的脸不像以前一样紧绷脱皮、干燥无光了，而是变得水嫩光滑起来。

第四节
西瓜皮蜂蜜面膜 “水美人”是这样炼成的

（1）西瓜皮蜂蜜面膜

原料：西瓜皮，蜂蜜

工具：水果刀，汤匙，榨汁机，面膜刷，搅拌棒

配方：西瓜皮2块，蜂蜜1匙

用法：取2块适当大小的西瓜皮，用水果刀将外部厚硬的绿色瓜皮削去，然后用榨汁机将西瓜皮榨成汁，再加入蜂蜜1匙搅匀，最后用面膜刷将其均匀涂抹在脸部周围的皮肤上，保持15～20分钟后即可清洗干净。

（2）西瓜皮面膜

原料：西瓜皮

工具：水果刀

用法：用水果刀将西瓜皮外部厚硬的绿色果皮削去，然后将白色瓜皮削成适度的薄片贴在脸上和手臂上，每隔5分钟左右换一次新的西瓜皮，然后用清水冲洗干净。

在炎热干燥的夏天，很多人喜欢选择西瓜这一水果来清热解渴。究其原因，主要是因为西瓜是一种极具营养价值的水果，富含人体所需的多种营养成分，具有清热解毒、生津止渴、利尿除燥的功效，不仅如此，西瓜的瓜皮可以帮助爱美的女孩补充被空调吸走的肌肤水分，有助于恢复明艳光泽的肌肤。

我有一个大学朋友叫阿德，她毕业以后在一家报社从事记者工作。在夏季，她不是顶着烈日出门采访，就是坐在空调办公室里写稿。一年时间下来，脸上的肌肤变得越来越干燥无光。本来好好的一个水嫩美女，才工作一年，就变成了这个样子，阿德为此十分焦急。

为了缓解自己脸上的干燥，阿德买了许多补水面膜在家狂敷，敷了一段时间下来，皮肤没见好转。于是，她打电话让我帮忙。阿德平素从不轻易找人帮忙的，这次竟然向我求助。我问她，是不是出什么事了？阿德将这几个月的苦恼一起吐了出来，说自己工作才一年，皮肤就变得很差，都不敢出去采访了，怕吓着别人。她在肌肤保养上面花了很多钱，但都没有什么效果。

电话中，阿德的语速变得越来越慢，似乎还带些许哽咽，我马上就安慰她说，她现在的皮肤问题也不是什么大事，只是缺水而已，我给她推荐两个物美价廉的自制面膜，只要坚持一下，皮肤应该会得到改善。

其实，这两款面膜的素材很便宜，效果还很显著。第一个是西瓜皮蜂蜜面膜。吃完西瓜后，取2块适量大小的西瓜皮，用水果刀将外部厚硬的绿色瓜皮削去，然后用榨汁机将西瓜皮榨成汁，加入蜂蜜1匙搅匀，最后用面膜刷将其均匀涂抹在脸部周围的皮肤上，15～20分钟后清洗干净。第二个是西瓜皮面膜。用水果刀将西瓜皮外部厚硬的绿色果皮削掉，然后将白色瓜皮削成适度的薄片贴在脸上和手臂上，每隔5分钟换一次新的西瓜皮，然后用清水冲洗干净。

阿德听了我的话后，半信半疑，觉得自己买了那么多昂贵的面膜敷脸上都没见效果，用这些西瓜皮就有效吗？我就知道她听了我的话，肯定会不相信，于是告诉她，买的那些面膜虽然贵，但是效果都是暂时性的。而且她买的这些

面膜中还含有化学物质，用多了对脸上的肌肤肯定不好。西瓜皮虽然廉价，但却是天然美容物品，坚持一段时间之后就不会再这样说了。阿德见我都这么说了，也不再继续纠结便宜无效的问题，说反正这些原料家里有的是，不如听我的坚持一段时间。

一个月后，阿德突然打电话给我，说她脸上的肌肤明显得到改善，现在变得比以前水润多了。她还说，这次多亏了我，要不是我推荐的这两个方法，她不仅不能有效挽救自己的肌肤，还要在这方面花费一大笔开支。

第五节
丝瓜蛋黄补水面膜 成就你的水润念想

丝瓜面膜DIY

（1）丝瓜补水面膜

原料：丝瓜

工具：搅拌机，面膜刷，去皮刀，面膜碗

配方：新鲜丝瓜1根

用法：用去皮刀将新鲜丝瓜的瓜皮与瓜籽去掉，放入搅拌机中打碎成泥后倒入面膜碗中，再用面膜刷取适量的丝瓜泥均匀涂抹于脸部及周围皮肤，10～15分钟后用清水冲洗即可，每周2～3次。

（2）丝瓜蛋黄补水面膜

原料：新鲜丝瓜，鸡蛋

工具：去皮刀，搅拌机，面膜碗，面膜刷

配方：新鲜丝瓜1根，鸡蛋一个

用法：将新鲜丝瓜洗干净后，用去皮刀去皮去籽，然后用搅拌机打碎成

泥，再将鸡蛋敲开，取其蛋黄打散成泡沫状，再与捣碎的丝瓜泥一同倒入面膜碗中，搅拌均匀之后，用面膜刷取适量面膜均匀涂抹于脸部及周围皮肤，15~20分钟后，用清水冲洗干净，再进行日常的肌肤保养工作。

秋冬季节马上就要来临，在即将来临的干燥时节，很多人都将面临肌肤缺水紧绷的困境。在这种气候干燥的时候，补水成为护理肌肤的基础工作。为了拥有水嫩完美的肌肤，当下许多女孩开始流连于各大护肤品实体店或者淘宝店，以选取各种补水保湿功用的面膜、乳液，或者爽肤水。但是，我想请问，诸位爱美的姑娘，你们选择的面膜、乳液与爽肤水等保湿护肤品真的那么有效吗？它们真的能够有效解决肌肤干燥问题吗？众所周知，这类护肤品虽然可以在一定程度上缓解肌肤的干燥，但是从长远的角度来说，我们应当考虑到这些护肤用品所含的化学物质对肌肤的伤害到底有大。在这个追求天然食物的时代，我们的肌肤同样需要吸收天然的营养，而不是任何掺杂有化学物质的“伪营养”。

前段时间，我的闺蜜文文向我诉苦，说她最近工作很累，再加上天气干燥，整张脸缺水情况十分严重。她去专卖店购买了各种补水保湿的护肤用品在家试用，但是因为自己属于过敏性肌肤，那些护肤品往脸上一抹，不但没有起到补水保湿的效果，反而导致了皮肤红肿脱皮、瘙痒刺痛等过敏现象。在这种情况下，补水问题非但没有得到有效解决，反而增加了皮肤过敏反应的征状。为此，文文感到甚是苦恼。

听了文文的吐槽，我开导她先别急，心情的好坏也会影响到肌肤的状态。她应先好好调整自己的心态。除此之外，我还将自己多年来坚持使用的两个DIY面膜方法告诉了她。

第一个是丝瓜补水面膜。首先，用去皮刀将新鲜丝瓜的瓜皮与瓜籽去掉，放入搅拌机中打碎成泥后倒入面膜碗中，再用面膜刷取适量的丝瓜泥均匀涂抹于脸部及眼周皮肤，约10～15分钟后用清水冲洗即可，每周2～3次。

第二个是丝瓜蛋黄补水面膜。将新鲜丝瓜洗干净后，用去皮刀去皮去籽，然后用搅拌机打碎成泥，再将鸡蛋敲开，取其蛋黄打散成泡沫状，与捣碎的丝瓜泥一同倒入面膜碗中，搅拌均匀之后，用面膜刷取适量面膜均匀涂抹于脸部及周围皮肤，15～20分钟后，以清水冲洗干净，再进行日常的肌肤保养工作即可。

文文听了我的介绍，说回头尝试一下，看这种DIY面膜对她这种过敏性肌肤是否也适用。文文回家的当天晚上，就迫不及待地给我打了电话，告诉我她使用我介绍的DIY丝瓜面膜之后，皮肤并未出现过敏症状，为此她在电话那头都乐得合不拢嘴，说一定会坚持下去。

第六节
香菇牛奶蛋黄面膜 肌肤水润有弹性

香菇面膜DIY

（1）香菇牛奶蛋黄面膜

原料：香菇，牛奶，蛋黄

工具：榨汁机，搅拌棒，面膜碗，面膜刷

配方：干香菇4颗，鸡蛋1颗，牛奶适量

用法：将干香菇放入温水中浸泡1小时后取出，去除多余水分后放入榨汁机，加入适量的牛奶搅拌成泥，将事先准备好的鸡蛋打破，取出蛋黄放入搅拌好的香菇牛奶泥中搅拌均匀，最后用面膜刷将搅拌好的面膜均匀涂抹于脸上，约15~20分钟后，用清水冲洗干净。

（2）香菇木瓜面膜

原料：干香菇，木瓜

工具：面膜碗，化妆棉

配方：干香菇5颗，木瓜1小块，约80℃温水一碗

用法：取出5颗干香菇和1小块木瓜，洗净之后，一起放入面膜碗中，再倒入约80℃的温水加以浸泡，约1小时后，用事先准备好的化妆棉蘸取面膜碗中的水，轻轻擦拭脸部及其他肌肤，约25分钟后用清水冲洗干净。

秋季的到来，使众多爱美的美女喜忧参半，喜的是，终于可以不用每天出门都遇到炎炎烈日，再也不用担心自己娇嫩的肌肤被烈日晒得黝黑；忧的是，秋季气候干燥，美女们的肌肤虽然受到紫外线的辐射较少，但是同时也面临着干燥、紧绷与脱皮的困扰。那么，为什么美女们会受到这些难题的困扰呢？主要是因为秋季气候较为干燥，空气中的水分不足，因此导致皮肤出现干燥、紧绷与脱皮的现象。那么当下最重要的便是让缺水的肌肤喝足水，这时候给肌肤补水自然就成为最需要解决的事情。

前一阵子，我的大学朋友小枫，也曾受到肌肤缺水问题的困扰。小枫属于干性敏感性肌肤，以前读大学的时候，就为自己肌肤缺水的问题十分苦恼，但那时候毕竟还没有参加工作，压力没有现在这么大，肌肤缺水问题当然也没有现在这么严重。但是，小枫参加工作以后，皮肤状况每况愈下，由于自己是敏感性肌肤，一般的补水保湿护肤用品，她不敢轻易尝试，怕引起肌肤过敏。而且，作为一个普通的工薪阶层，小枫又没有太多额外的钱可以用于护肤品上。因此，小枫就一直拖着。直至最近，小枫脸上脱皮的现象越来越严重，这时她才醒悟肌肤问题不能再延误下去，于是才想起打电话问我。知道了小枫的困扰，我给她推荐了两款物美价廉的DIY香菇面膜。

第一种是香菇牛奶蛋黄面膜。首先，将干香菇放入温水中浸泡1小时后取出，去除多余水分后放入榨汁机中，加入适量的牛奶搅拌成泥，再将事先准备好的鸡蛋打破，取出蛋黄放入搅拌好的香菇牛奶泥中搅拌均匀，最后用面膜刷将搅拌好的面膜均匀涂抹于脸上，约15～20分钟后，用清水冲洗干净。第二种

是香菇木瓜面膜。先取出5颗干香菇和1小块木瓜，洗净之后，一起放入面膜碗中，倒入约80℃的温水加以浸泡，约1小时后，用事先准备好的化妆棉蘸取面膜碗中的液体，轻轻擦拭脸部及其他肌肤，约25分钟后用清水冲洗干净。

小枫用笔认真记下我推荐的两款自制面膜之后，便在家尝试起来。两周之后，小枫兴高采烈地告诉我，她现在的肌肤干燥脱皮现象越来越少，脸上的肌肤也逐渐恢复了正常的水嫩状态，而且更让她感到惊喜的是，自从坚持每周三次敷用我推荐的面膜之后，本来脸部偏黄的肌肤也逐渐得到改善，变得比以前白皙多了。

第七节
猕猴桃面膜 肌肤水嫩有弹性

猕猴桃面膜DIY

（1）猕猴桃柠檬面膜

原料：猕猴桃，柠檬，白醋，水

工具：水果刀，榨汁机，搅拌棒，面膜纸，面膜碗

配方：猕猴桃1颗，柠檬1颗，醋40ml，水150ml

用法：用水果刀将猕猴桃与柠檬去皮后，放入榨汁机内，然后将榨好的果汁倒入面膜碗中，加入适量的水与白醋，用搅拌棒搅拌均匀后，将面膜纸放入碗内浸泡。待面膜纸浸透以后，便可取出敷于脸上。约10～15分钟后，用清水冲洗干净。

（2）猕猴桃蜂蜜面膜

原料：猕猴桃，蜂蜜，面粉

工具：榨汁机，汤匙，搅拌棒，面膜碗，面膜刷

配方：猕猴桃1颗，蜂蜜1匙，面粉适量

用法：先将猕猴桃用榨汁机捣碎成泥，将其倒入面膜碗中，加入蜂蜜1匙，面粉适量，再用搅拌棒搅拌均匀后，用面膜刷将其均匀涂抹于脸部及周围肌肤，静敷15分钟左右，便可用清水彻底冲洗干净，再进行日常的肌肤护理工作。

如果你现在还在为自己肌肤干燥无光而苦恼，还在因为美女拥有吹弹可破的肌肤而艳羡，却不将自己的苦恼与艳羡抛诸脑后，将解决肌肤干燥问题付诸行动的话，那么你永远只能躲在美女的阴影下，做一只黯淡无光的丑小鸭。就算你们不是天生的美女尤物，但是你们依然可以通过自己后天的努力，改善肌肤的水油均衡，让自己的肌肤绽放出水嫩透亮的光彩。

我有一个叫小岚的朋友，她就是肌肤含水量低，干燥脱皮、暗淡无光等词整天和她形影不离。小岚只有我这么一个朋友，每天下班以后不是打电话向我诉苦，就是在网上给我留言吐槽。小岚老是问我，为什么别的女生就可以得到男生的殷勤？为什么自己只能做一只丑小鸭，黯淡地生活在美女的阴影之下？时间长了，小岚变得越来越自卑，甚至走在路上都是低着头，怕别人见到自己时表现出种种嫌弃的表情。为了缓解小岚的自卑与忧虑情绪，我打电话给她，安抚她说，爱美人心人皆有之，每个人都对美好的事物充满向往。你应该从自身做起，改变自己，让自己绽放出美丽的光彩。然后我将自己的面膜方法告诉了小岚，并

告诉她说，只要坚持下去，一定会有非常好的效果。

第一种是猕猴桃柠檬面膜。首先，用水果刀将猕猴桃与柠檬去皮后，放入榨汁机内，然后将榨好的果汁倒入面膜碗中，加入适量的水与白醋，再用搅拌棒搅拌均匀后，即可将面膜纸放入碗内浸泡。待面膜纸浸透以后，便可取出敷于脸上。约10～15分钟后，用清水冲洗干净即可。

第二种是猕猴桃蜂蜜面膜。先将猕猴桃用榨汁机捣碎成泥，将其倒入面膜碗中，加入蜂蜜1匙，面粉适量，再用搅拌棒搅拌均匀后，用面膜刷均匀涂抹于脸部及周围肌肤，等待15分钟左右，便可用清水彻底冲洗干净，再进行日常的肌肤护理工作。

现在，在公司上班的小岚再也不像以前那样，活得像美女阴影下的丑小鸭了，而是越来越自信开朗了。从小岚的声音和语气，我就可以猜出电话那头的她是多么高兴。

第四章

祛皱DIY
逝水流年，容颜始终不改

第一节 蛋清蜂蜜面膜 爱上无皱肌肤

（1）蛋清蜂蜜面膜

原料：鸡蛋，蜂蜜

工具：小碗，面膜棒，汤匙，刷子

配方：取鸡蛋的蛋清放入碗中，加入一小汤匙的蜂蜜，将二者充分搅拌均匀。

用法：临睡觉之前，清洁面部，用干净的软毛刷子把制作好的面膜均匀涂刷在面部，等面膜风干后，用清水洗净。

（2）软膜除皱面膜

原料：鸡蛋

工具：无

配方：取下蛋壳内的软薄膜。

用法：将揭下来的软薄膜贴在面部皱纹处以及脸颊和下巴上，风干之后揭下，清水洗净，做日常护理。

似乎每个女孩子都想拥有完美的肌肤，大家总是这样形容完美细嫩的肌肤：如剥了壳的鸡蛋似的。我的大学同学里还真有这样一位，她叫萧晓，皮肤就像是剥了壳的鸡蛋似的，小丫头长相一般，唯独皮肤好得令人嫉妒。大学毕业之后我们就很少联系了。前段时间，大学时期的班长组织了一次同学聚会，大家已经有了各自的人生轨道，不禁感叹起以前的青葱岁月。不过以前和我很要好的萧晓，我却没认出来。原来毕业才几年，她一下子像是老了十几岁似的，究竟是谁偷走了萧晓的青春年华？

我连忙拉住她，还以为这几年她家里出了什么大事，这一问才知道，萧晓和男朋友在这座城市一起打拼，为了挣得多点儿，她去了一家外贸公司，天天跑业务，风吹日晒的，再加上生活的压力——两个人为了买套房子一直省吃俭用。这才几年，她脸上就有鱼尾纹了。

我看到她满脸愁容的样子，就告诉她要多注意自己的肌肤问题，而且立即要教她两个面膜，这两个面膜可以祛皱。

第一个是蛋清蜂蜜面膜。取蛋清放进碗里，加上一汤匙的蜂蜜，一起搅拌，搅拌均匀就行，黏不黏稠都无所谓，然后用细毛刷均匀刷在脸上，等干了洗干净就行。

第二个面膜，就是提取鸡蛋里那细细薄薄的薄膜，把那一层揭下来粘贴在有皱纹的地方，脸颊啊、下巴啊都贴上，最后再涂点儿乳液啊、保养霜什么的。

萧晓对此显得非常感兴趣，因为这样的自制面膜没有外面卖的大牌面膜贵，而且还是天然的，所以她说回去一定要好好试试。

过了一段时间后，我也慢慢

淡忘了这件事。一天晚上，萧晓突然给我了来个电话，说她那天晚上试了试面膜，做完后觉得脸上是紧绷的感觉，于是就一直坚持着，再忙也抽出少许的时间做面膜。没想到一个月过去了，自己脸上的皱纹少了很多，而且脸蛋也比之前光滑细腻多了。她高兴地表示自己还要坚持，让自己的肌肤重新焕发光彩。她问我，到底是什么魔法，让这个面膜这么有效?

我连忙解释，鸡蛋里本来就含有丰富的蛋白质，大家都知道，一天一个鸡蛋就可以满足人体对蛋白质的需要。鸡蛋里的蛋白质差不多都藏在蛋清里，蛋清还可以收缩毛孔、平整肌肤，还能美白、有效祛斑。

我继续说，那个蛋清蜂蜜面膜还有别的效果，当她敷上脸之后给自己的脸做按摩，刺激皮肤细胞，促进血液循环，效果会更好。而且那个面膜还可以稀释，她在冬天可以用那个稀释之后的面膜搓手，对于防治皲裂特别有效果。还有那个软膜祛皱面膜，不用单独用鸡蛋，平时做饭从那个鸡蛋壳里找就行，要不然太浪费了，而且在敷面膜之前，必须用温水洗脸，这样毛孔就打开了，等面膜贴上用手揉搓几遍，营养物质就更容易吸收。面膜千万不要贴的时间太久，否则会丢失皮肤的水分。这些面膜一个星期一次或者两次就够了，要是一次调制的面膜用不完的话，可以放进冰箱里保鲜。

她马上笑着说，这么有功效的面膜，她肯定会继续坚持的，因为她做梦都想让皮肤跟剥了壳的鸡蛋似的。

第二节
牛奶小麦面膜 不给岁月留痕

（1）大米小麦面膜

原料：大米，小麦，蜂蜜

工具：研磨碗，面膜棒，小汤匙

配方：将大米和小麦放在一起研磨碗里进行研磨，差不多呈现粉状的时候，加入一汤匙蜂蜜，一起搅拌成糊状。

用法：清洁面部，将做好的面膜均匀涂抹在脸上，保留15分钟左右，即可清洗。

（2）牛奶小麦面膜

原料：小麦，面粉，蒸馏水，新鲜牛奶

工具：面膜棒，小碗

配方：将小麦、面粉倒入碗中，加入蒸馏水搅拌，然后加入新鲜牛奶，调成糊状。

用法：清洁面部，将做好的面膜轻敷在脸上，大约30左右，用温水洗干净。

我们的肌肤是在20岁开始衰老的，这一点儿恐怕大多数女孩子都不相信，毕竟20岁，青春期刚刚过完，青春痘刚刚结束，说衰老，未免太残忍了，但是事实的确如此。20岁的时候，我们的皮肤开始走下坡路，但是25岁之前还不是很明显，25岁之后，基本就是以加速度衰老了。

我的表姐从小皮肤就特别好，青春期的时候，痘痘也没怎么长，这是她一直引以为傲的事情，总是夸赞自己的皮肤是天生的。她很少把钱花在保养皮肤上，大部分的花销都买了衣服和包包。不过好景不长，这阵子她就找上我了，说让我推荐一些抗皱的保养品给她，我觉得难以相信，表姐可是从来都对保养品这种东西不感兴趣的。

表姐这才跟我诉苦，本来是觉得皮肤不会有什么问题的，可是岁月不饶人啊！这不，前些天照镜子发现脸上出现了细小的皱纹，她害怕了，于是来找我。我看了看她的脸，其实她的皮肤问题并没有多严重，我把一种大米小麦面膜推荐给了她。

将大米和小麦放在一起研磨成粉末状，再加上一汤匙蜂蜜，也不需要太多的蜂蜜，然后搅拌成糊状，把脸洗干净，敷上这个面膜，大概15分钟就可以洗掉了。

表姐用怀疑的目光瞅着我，大概是以为我在糊弄她，因为护肤会有这么简单吗？还说要我推荐市场上的保养品，再多钱她也会买。

其实她的问题不是很严重，没必要花大价钱买保养品，而且那些保养品里化学物质多，有些对皮肤还有害，天然的东西就算没有用，最起码不会伤害皮肤。而且五谷杂粮也很有营养，大米里含有矿物质、维生素和大茴香酸脂，能使肌肤保持湿润和延缓老化，还能活化肌肤，而小麦中含有天然的植物纤维和维生素E，比较温和，还能补充肌肤水分，这个面膜对付这种小细纹最合适不过了。

这样一说，表姐才相信，不过后来打电话说没什么效果，我又叫她坚持了一些日子，后来就没了动静。然而两个月后的一天，表姐突然来我们家串门，一进门就指着自己的脸蛋，学着广告里的样子，向我炫耀她那已经改善过的细纹。

我们纷纷笑她，然后她才说自己可真是煞费苦心，一个星期做三次面膜，就为了自己这张脸。功夫不负有心人，那些细纹终于不见了，看她的情况的确是好多了。我紧接着教了她一种小麦的面膜。

把小麦、面粉放在一起，加入蒸馏水和新鲜牛奶一起搅拌，调制成糊状，洗脸之后，就可以敷脸了。这个面膜可以做半个小时左右，不仅适用于面部，也可以当颈霜和护体霜使用。它可以使皮肤保持软滑，还能舒缓细纹，最后用温水洗干净就好。这次表姐没有露出丝毫的怀疑，而是问我有的时候自制的面膜不容易清洗掉，该怎么办。我于是交给她一个妙招。

涂好面膜后，用一块压缩面膜，用温水泡开，水不要拧得太干，带一些水，最好是湿湿的，然后盖在脸上。这样能起到保湿的作用。等脸上的面膜干掉，比较容易清洗，撕掉面膜的时候可以把自制的面膜一起去掉。

第三节
新鲜苦瓜面膜 让眼角没有鱼尾纹

（1）苦瓜面膜

原料：新鲜苦瓜

工具：水果刀

配方：将新鲜苦瓜放入冰箱中冷藏15分钟左右，取出，切成薄片。

用法：将切好的苦瓜薄片贴在脸上需要祛皱的地方，15分钟后，清洗干净。

（2）苦瓜香蕉面膜

原料：苦瓜，香蕉，红薯粉，香醋

工具：榨汁机，水果刀，小汤匙，小碗

配方：将香蕉和苦瓜切成块状，一起放入榨汁机中搅拌，搅拌好后，倒入小碗中，再加入红薯粉，倒入香醋，一起搅拌均匀。

用法：清洁面部，将面膜均匀敷在脸上，6～15分钟后取下，用冷水洗干净。

对于大部分已经迈入三十岁门槛的女人来说，似乎鱼尾纹不再是新鲜的词汇了，尤其是对一些已经做了妈妈的女人来说，鱼尾纹的出现似乎是一个可怕

的预兆，预示着青春一去不复返，无论身体还是肌肤都将越来越差，于慧就是这样。

她大概两年前做了妈妈，孩子越来越大，于慧却发现自己越来越老，为此她很苦恼。所以前段时间来找我，说自己的眼角出现了不少鱼尾纹，问我有没有什么好的擦脸油，能对付鱼尾纹的，她说自己可不想让孩子一有记忆，就觉得自己的妈妈是个满脸皱纹的黄脸婆。我仔细观察了一下于慧的眼角，的确是有一些细小的鱼尾纹。我给她推荐两种自制的苦瓜面膜。她一听是苦瓜，连忙摇头，说自己特别不喜欢吃苦瓜，很难吃。我笑了笑，急忙说，苦瓜虽苦，但是对付鱼尾纹可是行之有效。

第一种面膜最简单，也最有效，就是把苦瓜放进冰箱里冷藏15分钟，然后拿出来切成薄片，清洗脸之后，将薄片贴在有皱纹的地方，15分钟后清洗干净。第二种面膜稍微麻烦一点儿，但是效果也不差，需要苦瓜、香蕉、红薯粉和香醋，把香蕉和苦瓜切成块状放入榨汁机里，搅拌好之后，倒入碗中，加入红薯粉和香醋，搅拌均匀，洗脸之后敷在脸上6～15分钟取下来，然后用冷水洗干净。

于慧把我说的都记在了一张纸上，然后问我这其中有什么奥妙。我也很耐心跟她说了起来。

苦瓜含有丰富的B族维生素和维生素C以及矿物质，食用的话，可以保持精力旺盛，用来敷脸，对于肌肤能起到滋润和润白的作用，对付皱纹也特别有效。而且夏天还能保湿和镇静皮肤，对付青春痘效果也不错。第一种面膜就是用苦瓜的天然成分，舒缓眼角的细纹，抗氧化，活化肌肤。第二种面膜能够促进肌肤血液的循环，舒缓脸部细纹，苦瓜配上香蕉、醋、红薯粉调和，更加活颜亮采了。

于慧见我讲得头头是道，也就没说什么。过了一段时间，大概三个月左右

吧，她又找上了我，一脸笑嘻嘻的样子。于慧跟我说，自从用了我教她的那两个面膜，这鱼尾纹真是减少了不少呢。她还说鱼尾纹减少后，自己的皮肤也细腻了，每天都水水的嫩嫩的，就连自己家的宝贝儿也喜欢。

其实鱼尾纹很常见，别一看有了鱼尾纹就去买一大堆眼霜啊什么的，因为那不一定有效果，其实鱼尾纹是可以预防的。

可以抹少许苦瓜汁放在眼部周围，闭上眼睛，轻轻在眼的周围按摩，既能吸收苦瓜的天然成分，又能促进血液循环，对付鱼尾纹十分有效。除此之外，还要注意防晒，很多鱼尾纹都是晒出来的。还要多吃蔬菜水果，让身体里有足够的维生素供应。维生素多了，就可以延缓衰老了。

于慧自从用了这个苦瓜面膜，还开始吃苦瓜，因为吃苦瓜吃了对人体也特别好，尤其是夏天，苦瓜清热解毒，养颜美容。

第四节
西红柿珍珠粉面膜 无瑕美人不再是黄粱美梦

（1）西红柿蜂蜜面膜

原料：西红柿，蜂蜜，压缩面膜纸

工具：榨汁机，小碗

配方：先把西红柿洗干净，用榨汁机将其榨汁，把西红柿汁倒进碗中，并把压缩面膜纸放进碗中，让其吸收西红柿汁的精华，在夏天还可以先把西红柿汁冰镇一下。

用法：将面膜纸敷在已洗净的脸上，大约15分钟左右，用温水将脸清洗干净。

（2）西红柿珍珠粉面膜

原料：西红柿，珍珠粉

工具：榨汁机，小碗，面膜棒

配方：把西红柿洗干净，再榨汁，然后把西红柿汁和适量的珍珠粉倒入碗中，用面膜棒搅拌均匀。

用法：清洗面部，把西红柿珍珠粉面膜均匀敷在面部，等待10分钟左右，清洗干净。

我家隔壁住着一位美女姐姐，从小到大她都是我们这群毛头小孩的美丽榜样，虽然她比我们大不了多少，可我们都希望以后能变得像她一样美丽动人。

可是，最近回家省亲看到美女姐姐，她却变得和我印象中的那个美丽形象有点出不同了，原本白白净净的脸上硬是多出了几条细纹。我看着她脸上日益增多的细纹，真是感叹岁月催人老啊。

由于不忍心看到美女姐姐对镜愁容的样子，我把她拉到一边，问她为什么会这样？她年纪比我大不了多少，这些细纹是不是刚长出不久？然后我又语重心长地告诉她，对待细纹可不能任由其发展，它可会越来越厉害的，要趁早把皱纹压制下去。于是，我把简单又有效的西红柿去皱面膜告诉了她。

首先，要准备些西红柿回来，用榨汁机榨汁，就是取其精华嘛，然后倒进适量的蜂蜜，均匀搅拌后，敷在脸上。要是在夏天还可以先冰冻一下原液，再敷，这样不仅清爽舒适还能缩小毛孔。小憩15分钟，然后洗干净。第二个面膜同样是榨汁，不过这次加入适量的珍珠粉，同样敷上十几分钟，然后把脸洗干净。

看着美女姐姐脸上半信半疑的表情，我就告诉她反正都是纯天然的东西，不会有什么害处的，弄起来也不费时费力，还可以当作水疗来享受。她想了想，觉得也是，就说回去试试。

等我下次回去探望爸妈的时候，一推开门，就看到美女姐姐笑盈盈地坐在我家。她一看到我，马上就谢

起我来，说我介绍的那两个面膜，想不到真的有神效啊。我仔细看了一下，她脸上的细纹真的减淡了，最重要的是现在的美女姐姐，浑身上下洋溢着一股青春气息，自己比以前自信多了。

美女姐姐好奇地问我，为什么那些小小的西红柿会有这么神奇的魔力呢？把这自制的面膜往她脸上一抹，那些西红柿就像把她的细纹吃掉了一样，太神奇了。

看到美女姐姐又恢复以前的靓丽和自信，我也很替她高兴，就向她解释了西红柿的美容功效。

这个面膜的原理也很简单，平时西红柿作为饭桌上的菜肴，深受人们喜爱，但是西红柿在美容上具有的功效，一直都被人们忽视了。其实西红柿含有一种叫抗氧化剂的东西。这可是抗老的圣品。因为人体会不断产生自由基，随着年龄的增长，这种自由基会慢慢增多，使人体变老，而抗氧化剂就是抵抗自由基的东西，有了它，人体就能够延缓衰老。在这小小的西红柿里面，就含有能够抵抗衰老的抗氧化剂，而且是纯天然，用起来更安心。

第五节
绿茶补水面膜 紧肤除皱没细纹

（1）绿茶补水面膜

原料：绿茶茶叶，压缩面膜纸

工具：热水，冲泡茶具

配方：用热水冲泡一杯浓郁的绿茶，然后把压缩面膜纸放进杯中，等其吸收杯中的绿茶茶水。

用法：先洗干净脸，再拍打一下爽肤水，然后把面膜纸敷在脸上，大约10分钟左右，直接涂抹一些保湿乳液。

（2）绿茶珍珠粉面膜

原料：绿茶茶叶，珍珠粉

工具：热水，面膜棒，冲泡茶具，小碗

配方：用热水冲泡好一杯浓郁的绿茶后，把茶水倒进小碗中，加入适量的珍珠粉，用面膜棒搅拌至糊状。

用法：清洗干净面部后，把绿茶泥面膜均匀敷在面部，等待10分钟左右，清洗干净。

一天，我多年不见的表妹玲玲在房间里喊叫，说自己眼角出现了皱纹。我马上跑到她那里，只见她正在抱着镜子哭鼻子呢。

本来我想我们多年没见，这次我去她家一定要好好聊聊的，可是她现在的心情十分低落，于是我一直安慰她，玲玲拿着镜子，泪眼婆娑地看着我。我细细地观察着她的脸蛋，她的眼睛四周真的出现了一丝丝的皱纹，我叹了口气，跟她讲，这些鱼尾纹，完全就是因为她平时熬夜太多，平时作息不规律造成的。

玲玲哽咽说，自己现在的工作量很大，非要熬夜才能完成。现在她也没办法，哀求我一定要帮她想想法子。

我没好气地看了玲玲一眼，马上就想到有一款面膜特别好用。

很多人熬夜就只会喝咖啡提神，咖啡喝多了身体就会产生各种各样的毛病。现在，假如真的非得熬夜，可以改喝绿茶，它不但提神醒脑，还有延缓衰老的作用，最重要的是，把喝剩的绿茶叶留起来，用一张面膜纸吸收茶水，然后敷到脸上，大概10分钟左右，马上涂上保湿乳液，可以进一步锁水。这个面膜不仅有补水的作用，还有去皱纹的奇效呢。想想，一边敷着绿茶面膜，一边工作，不是会更加提神吗？另外，把剩下的绿茶水和珍珠粉搅拌一起，做一个绿茶珍珠粉面膜，同样敷上10分钟左右。这两种面膜，交替着敷，一周大概三次，坚持长期用下去……

我聚精会神讲着，玲玲却一个箭步跑到客厅了，原来她已按捺不住要去试试。

过了一段时间，我出差顺道又经过表妹的家里，想起她之前的烦恼，就打算去看她一下。谁知一踏进她家，就闻到一股香气四溢的绿茶味道，然后看到玲玲笑逐颜开地跑到我跟前“炫耀”起来，不停要我摸摸她的小脸蛋，还问她的脸是不是滑溜了很多。她还高兴地说，眼睛四周的皱纹都没了呢。

我定睛一看，果然玲玲脸上的皮肤像刚剥壳的鸡蛋一样光滑，最重要的是，曾经让她苦恼不已的皱纹都消失得无影无踪。

玲玲开心地说，想不到土方子竟然真的有效，怎么也要好好感谢我。我却连忙纠正她说，这可不是什么土方子，这可是有医学根据的。

因为绿茶中含有维生素C、氨基酸，茶多酚和叶绿素，这些天然成分，有着极其重要的抗氧化作用，即延缓衰老的功效。另外，绿茶还有防癌、抗癌、杀菌效果。

绿茶除了能提神醒脑去皱之外，还可以去黑眼圈。假如前夜熬夜，第二天起来发现熊猫眼特别厉害，马上拿出前天泡过的绿茶茶包，轻轻地拍打在眼睛四周，然后敷上10分钟，涂上眼霜，保准能重新焕发夺目光彩。

第六节
奶油酸奶面膜 尽享无龄美肌

（1）奶油酸奶面膜

原料：奶油，酸奶

工具：小汤匙，面膜棒，小碗

配方：将两汤匙的奶油和两汤匙的酸奶放进小碗中，充分搅拌均匀。

用法：清洁面部后，用热毛巾敷脸，取做好的面膜均匀敷在脸上，大约15分钟之后，用温水洗干净。

（2）奶油香蕉面膜

原料：奶油，香蕉，浓茶

工具：研磨碗，小碗，面膜棒

配方：将香蕉去皮后放入研磨碗中，捣成泥状，加入奶油和浓茶，充分搅拌均匀。

用法：清洁面部，将做好的面膜均匀敷在脸上15~20分钟，清洗干净即可。

记得那次陪妈妈逛街，碰上了一个亲戚和她的儿媳妇，妈妈给我介绍之后，我恍然大悟，想起这家儿媳妇生孩子的时候我还去了呢。可是不对呀，这

没有几年的时间呢，怎么这儿媳妇一下子像是老了很多似的？

这儿媳妇名叫姗姗，也不知道怎么回事，怀孕的时候她就开始长斑长皱纹，以为是正常现象没在意，谁知生完孩子之后，这皱纹长得更厉害了，虽说也三十多岁人到中年了，但是比一般的中年人看上去都老，也试过不少的保养品，基本上没有效果。

我连忙问她试过DIY面膜没有，她说倒是听过，但是自己没做过，总觉得那么好的保养品都没用，自己做的还能比厂家研制的好吗？

我神秘地告诉她，其实天然的东西用着放心，也最有效果。于是，我就告诉她如何制作一个奶油酸奶面膜。

把奶油和酸奶按照1:1的比例放在一起，也不要太多，用量是各自取两汤匙的量，充分搅拌均匀，然后把脸洗干净，用热毛巾敷脸5分钟，就可以把面膜敷在脸上，大概15分钟洗干净就好。

大家都知道牛奶是最好的护肤品，这个奶油也是从牛奶里提炼出来的，虽然没有牛奶的蛋白质和水分，但是有丰富的维生素A和D，再搭配上酸奶，对付皱纹最有效了，还能控油润肤，尤其适合中老年妇女和皱纹比较多的孕产妇。

听了我的话，姗姗有些动心了，她说回去就试试。后来我去了我妈妈那里一趟，发现门口堆了一些礼盒，一问才知道就是姗姗送来的。她说自己坚持了三个月，脸上的皱纹明显减少了，就连她老公都觉得不可思议，当时我妈妈说的时候，我也没在意，想着能帮到人当然好了，也没放在心上。

忽然有一天，我突然记起来，上次她说脸上还有斑，我就把一个奶油香蕉面膜教给她了。

首先，把香蕉去皮之后，捣成泥状，然后加入奶油和浓茶，放在一起开始搅拌，等到搅拌好了，洗好脸就可以做了，15～20分钟后清洗干净。这香蕉里面含有丰富的维生素和铁质，可以给皮肤提供各种养分，搭配上次说到的奶油，能发挥奇效，能祛斑，还能使肌肤水油平衡，富有光泽。

姗姗在电话那头一个劲儿的“嗯嗯”，想必是对这面膜深信不疑，然后我又告诉她，在敷面膜的时候，需要让脸暂时隔绝外界的空气和污染，提高皮肤的温度，加快血液循环和新陈代谢，使肌肤更有活力。但是敷面膜虽然好，时间不要太长，否则会使肌肤疲劳，反倒降低了面膜的效果。

她连忙说记下了，回头要约个时间大家一起吃个饭，当面感谢我。我拒绝了，不过心里还是美滋滋的，毕竟又让一个女人找回了自信，找回了美丽。

第七节
花样樱桃蜂蜜面膜 打造年轻无瑕美肌

（1）樱桃酸奶面膜

原料：樱桃，酸奶，面粉

工具：榨汁机，小碗，面膜棒

配方：将樱桃去壳之后榨汁，放入小碗中，加入少量酸奶进行搅拌，之后再加入少量面粉，搅拌成糊状。

用法：清洁面部，将做好的面膜敷在脸上，15分钟之后洗干净。

（2）樱桃蜂蜜面膜

原料：樱桃，蜂蜜，纯净水

工具：小汤匙，小碗，榨汁机

配方：在小碗中加一些纯净水，加入2～3滴蜂蜜，将蜂蜜均匀地融入水中，把樱桃用榨汁机榨汁，和蜂蜜一起搅拌均匀。

用法：清洁面部，将做好的面膜均匀敷在脸上，20分钟后清洗，也可以做睡眠面膜用。

青春永驻是每个女人的梦想，尤其是希望青春永驻的中年女人，这个时候可以说有了钱也有了时间，但是青春不在了，这确实是一件令人头疼的事情。我楼上的邻居虹姐就是这样的一个人。

虹姐今年四十多岁了，可能年轻的时候操了太多的心，不到五十岁的人呢，满脸的皱纹。后来跟我聊起来，说自己天天去美容院做这个做那个，可这脸上的皱纹好像只增不减。我就给她推荐了这个自制樱桃面膜。

先把樱桃去皮，用榨汁机榨汁之后，放入碗中，加入一汤匙酸奶，搅拌均匀，然后清洁面部，就可以做面膜了，大约15分钟洗干净就可以。

因为樱桃的含铁量丰富，铁又是血红素的重要成分，血液充足，肌肤自然白里透红。樱桃里含有丰富的胡萝卜素，这些胡萝卜素进入人体之后会转化成维生素，能够使皮肤柔软细致，去除粗糙的皱纹。而酸奶含有丰富的乳酸，能有效滋润皮肤，另外，酸奶里的维生素A和B族维生素还能有效促进细胞内的不饱和脂肪酸氧化和分解，起到延缓衰老的作用，酸奶里的有机酸还有很强的杀菌作用，另外维生素C还可以促使黑色素排出体外，抑制色斑形成，这两者在一起，配合得天衣无缝——既祛皱还祛斑，还能延缓衰老。

虹姐听完连连点头，二话不说就跑去超市买面膜棒和小碗之类的东西去了，反正也有时间，她就一直坚持做，每次见她都是容光焕发的样子。后来，她直接就下楼找我，叫我再给她介绍点儿自制面膜的方子。下面是我给她介绍的樱桃蜂蜜面膜。

首先在小碗中加一些纯净水，加入2～3滴蜂蜜，将蜂蜜均匀融入

水中，把樱桃用榨汁机榨汁，和蜂蜜一起搅拌均匀，还是按照之前的方法，清洁面部，之后敷面膜，大概20分钟就可以清洗了。这个面膜不光祛皱，还能美白呢！

虹姐听了那叫一个高兴，还笑说要是太白太嫩，还没有皱纹，那她不变成一个老妖精了！说着，我们都笑了起来。

想到还有一些有关面膜的事，我一并告诉了她：蜂蜜特别黏，恐怕会黏在碗底，用手指弄会比较均匀一些，还有那些用剩下的樱桃渣，也可以放到脸上，不浪费嘛。其实要是嫌榨汁麻烦，还可以挑那些快烂的樱桃，家里吃剩下的，扔了也怪可惜的，直接把它捣烂就行了。这第二种面膜是可以当作睡眠面膜用的，找一张面膜纸，先把蜂蜜吸收了，再把捣烂的樱桃涂抹在面膜纸上，然后把面膜敷在脸上，就可以睡觉了。

第八节
酥梨蜂蜜面膜 学会为肌肤减龄

（1）酥梨蜂蜜面膜

原料：酥梨，蜂蜜，面粉

工具：研磨碗，小碗，面膜棒，小汤匙

配方：将四分之一的酥梨去皮，并捣烂成泥状，加入一汤匙蜂蜜和少许面粉，充分搅拌均匀。

用法：清洁面部，将做好的面膜均匀敷在脸上，20分钟之后，用温水清洗干净。

（2）酥梨柠檬面膜

原料：酥梨，柠檬，鸡蛋

工具：小碗，面膜棒，水果刀研磨碗

配方：将酥梨捣成果泥状，放入碗中，切开柠檬，打碎鸡蛋取出蛋黄放入碗中，把柠檬挤出四滴，滴入酥梨中，充分搅拌均匀。

用法：清洁面部，把做好的面膜均匀敷在脸上，避开眼睛四周，15分钟后用清水洗干净。

俗话说“一白遮百丑”，倒不是皮肤白有多么多么的好，而是说，如果一个女孩子皮肤好，就算是长得很普通，也会给人留下非常好的印象，可反过来说，要是长得很漂亮，可是皮肤不好，皱纹、痘痘、斑满脸都是，那么这样的女孩也会让人退避三舍，子冉就是这么一个小姑娘。

我认识她是在逛街的时候，我们看中了同一款衣服，就这样一来二去，成了朋友。我发现，她人长得挺漂亮，就是脸上不干净，年纪轻轻，竟然长了皱纹了，通过聊天才知道子冉今年大四了，因为家里条件不好，所以一上大学就开始四处打工，为了多赚些学费和生活费，总是好几份兼职一起做。在便利店里，为了多挣点儿钱，她经常上夜班，这不是，年纪轻轻的，皱纹都熬出来了。

见我们两个也比较有缘，不想看到她为自己的皮肤一幅愁眉苦脸的样子，我就把两种自制面膜教给了她。

第一种是酥梨蜂蜜面膜。把四分之一个酥梨去皮之后，捣烂成泥状，加入一汤匙蜂蜜和少许的面粉，搅拌均匀，清洁面部之后就可以做这款面膜了，大概20分钟之后，把面膜清洗掉。

第二种面膜是酥梨柠檬面膜，将酥梨捣成泥状放入碗中，切开柠檬，挤出四滴柠檬汁滴到酥梨中，再拿一个鸡蛋，打碎之后取出蛋黄，把蛋黄放进酥梨中，同样是充分搅拌均匀，洗脸之后，就可以用了，但是要注意避开眼睛四周，大约15分钟后洗掉。

在西方，酥梨是最受欢迎的美容水果，含有丰富的营养和油脂成分，还有脂溶性的B族维生素和维生素E，抗氧化作用十分好。酥梨捣成泥状后，就可以成为温和的美肤面膜，它能收敛毛孔，还能使肌肤柔嫩、美白，增加光泽，对付皱纹也有奇效。它和蜂蜜、柠檬汁配合，算得上最好的美白抗皱组合。第二种面膜中的鸡蛋也有很好的滋润作用，这两种面膜的功效对这样的皮肤再合适不过了。

子冉频频点头，拿出随身带的笔记本记了下来。我接着告诉她，她的皮肤挺干的，这个面膜的润滑效果是非常好的，对她来说非常合适。另外，这第二种面膜不但可以做面膜用，还可以当滋养头发的护发乳，回去真的可以试一试。

子冉听了，马上乖巧地感谢我，还说自己回去一定会试试的，又要了我的电话，这才分开了。过了一段时间，小丫头给我打来了电话，说自己试了一个多月，觉得还挺有效果的，脸上嫩嫩滑滑的。用那个面膜做了护发乳之后，头发也柔顺了不少，非要当面感谢我。不过，我也很忙，所以就说以后约时间。另外我还提醒她，其它面膜一般一个星期一两次就好，这个面膜可以做3次的，这样能抗老化，去皱纹，增加肌肤弹性。

第五章

防辐射DIY
环境太恶劣，防止辐射有良方

第一节
苹果芦荟柠檬汁面膜 远离辐射困扰

（1）苹果蜂蜜面膜

原料：红苹果，蜂蜜

工具：榨汁机，搅拌棒，面膜碗，面膜刷，汤匙

配方：红苹果1个，蜂蜜2匙

用法：首先，将事先准备好的红苹果放入榨汁机内榨汁，将榨好的果汁倒入面膜碗中，用搅拌棒搅拌均匀，放入冰箱内冷藏10分钟，取出用面膜刷均匀地涂抹在脸部，待15分钟之后，用清水冲洗干净。

（2）苹果芦荟柠檬汁面膜

原料：红苹果，芦荟，柠檬

工具：榨汁机，搅拌棒，面膜刷，面膜碗，汤匙

配方：红苹果1个，芦荟汁3匙，柠檬汁3匙

用法：首先，将红苹果放入榨汁机内捣碎成泥，将其倒入面膜碗内，分别滴入3滴芦荟汁与3滴柠檬汁，用搅拌棒搅拌均匀后，再用面膜刷将碗内的水果泥面膜均匀地涂抹在脸部及周围肌肤，敷满15分钟后用温水冲洗干净。

现在，大部分人在上班的时候，在电脑前一坐就是一整天。一整天下来，很多上班族会出现肌肤干燥或者油光锃面的情况。这些肌肤问题的出现，主要是由于电脑的辐射造成的。电脑的辐射容易蒸发人体内的水分，导致人们体内水分不足，进而就容易造成肌肤干燥或者油光锃面等肌肤问题。这个时候，给自己的肌肤补足水分就变得尤为重要。

我的朋友小凌是一家新闻传媒公司的记者，平时的工作主要是坐在电脑面前写稿，用文字的形式将自己采访获得的新闻信息表现出来。由于长期面对电脑工作，小凌不仅时常感到眼睛疲惫，而且开始出现肌肤缺水泛油光的现象。平日的大工作量就已经让小凌备受压力了，再加上肌肤缺水问题造成的困扰，她可谓是腹背受敌。没办法，自己解决不了，想起我来了，于是她给我打电话，叙述了一下自己的情况，请求我的帮助。我想了想，教给她两款苹果面膜。

第一种面膜是苹果蜂蜜面膜。首先，将准备好的红苹果放入榨汁机内榨汁，然后将榨好的果汁倒入面膜碗中，用搅拌棒搅拌均匀，放入冰箱内冷藏10分钟，然后，取出。用面膜刷均匀地涂抹在脸部，20分钟之后，用清水冲洗干净。

第二种是苹果芦荟柠檬汁面膜。首先，将红苹果放入榨汁机内捣碎成泥，然后将其倒入面膜碗内，滴入3滴芦荟汁与3滴柠檬汁，用搅拌棒搅拌均匀，再用面膜刷将碗内的水果泥面膜均匀地涂抹在脸部及周围肌肤，等待15分钟后用温水冲洗干净，再进行日常肌肤保养工作即可。

众所周知，苹果本身不但含有大量的维生素，同时还富含大量的微元素。这些维生素、微元素的摄入，不仅能够促进消化，同时还可以帮助想要减肥的美女达到瘦身的效果。但是，苹果除了这些作用之外，还有一个不为人知的秘密，那就是防辐射。苹果在生长过程中，需要吸收大量的日照才能成熟。苹果

所吸收的阳光中的射线，使得苹果具有防辐射的功效。苹果蜂蜜面膜与苹果芦荟柠檬汁面膜这两款纯天然的面膜，不仅不会给娇嫩的肌肤带来任何伤害，而且还容易做，你在一天的劳累之后可以很方便地享受到天然果品给肌肤带来的滋养与呵护。

小凌听了我的话，就开始着手准备做面膜了，两个月之后再次打来电话时，她说自己的皮肤已经好多了，一边吃苹果一边做苹果面膜，真是一种享受。

第二节
海藻橄榄油面膜 为你搭建防辐射的港湾

（1）海藻牛奶面膜

原料：海藻颗粒面膜粉，牛奶

工具：搅拌棒，面膜碗，面膜刷

配方：海藻颗粒面膜粉25克，牛奶适量

用法：先将事先准备好的海藻颗粒面膜粉倒入面膜碗内，然后倒入适量的温牛奶，用搅拌棒搅拌均匀后，敷于脸部及周围肌肤，约15~20分钟后，用温水清洗干净。

（2）海藻橄榄油面膜

原料：天然海藻粉，橄榄油，矿泉水

工具：搅拌棒，面膜碗，面膜刷，汤匙

配方：天然海藻粉1匙，橄榄油3滴，矿泉水少量

用法：首先，将事先准备好的天然海藻粉倒入面膜碗内，再倒入3滴橄榄油，以及适量的矿泉水，然后用搅拌棒搅拌均匀，最后用面膜刷将调好的海藻橄榄油面膜均匀地涂抹于脸部及周围肌肤，约10分钟后用清水冲洗干净，再进行日常的肌肤保养工作。

相信大部分爱美的人都知道，海藻能够很好地帮助我们呵护肌肤，可以用来自制各种美白补水护肤面膜。其实，自制海藻面膜不仅可以帮助我们补水美白，修复诸多美女被太阳紫外线伤害的娇嫩肌肤，还可以用来帮助那些整日面对电脑工作的人抵抗电脑显示屏散发的辐射，从而保持肌肤水嫩透亮的状态。

前一段时间，我的大学室友采采打电话来跟我抱怨，说最近的工作量不断加大，自己每天面对电脑工作的时间也越来越长，工作量大倒也算了，但是，长时间面对电脑，采采脸部肌肤却变得越来越差，原本水嫩白皙的肌肤消失不见，取而代之的是黯淡无光的皮肤，这让采采感到很苦恼。为了缓解采采的这种消极心态，让她全身心地投入到工作当中，我给她推荐了两款效果不错的自制面膜，采采在试用了一段时间之后，也确实取得了一定的效果，脸部肌肤缺水问题逐步得到改善，逐渐恢复往日的水嫩透亮。我相信，现在大部分面对电脑工作的美女，也和采采一样面临这种尴尬的问题。

第一种是海藻牛奶面膜。海藻牛奶面膜是由海藻与牛奶混合而成的自制面膜。首先，将事先准备好的海藻颗粒面膜粉倒入面膜碗内，然后倒入适量的温牛奶，用搅拌棒搅拌均匀后，静敷于脸部及周围肌肤，约15~20分钟后，用温水清洗干净。

第二种是海藻橄榄油面膜，这是由海藻与橄榄油组成的自制面膜。首先，将事先准备好的天然海藻粉倒入面膜碗内，再倒入3滴橄榄油，以及适量的矿泉水，然后用搅拌棒搅拌均匀，最后用面膜刷将调好的海藻橄榄油面膜均匀地涂抹于脸部及周围肌肤，约10分钟后用清水冲洗干净，再进行日常的肌肤保养工作。

众所周知，海藻面膜使用的海藻，一般是生长在海洋浅水水域的海洋植物，具有增加肌肤保水性、提高皮肤保湿度、增强肌肤紧致与弹性、有效提高肌肤免疫力、调节肌肤水油平衡、收缩和紧致毛孔等功效。正是因为海藻具有上述强大的美容功效，海藻面膜一直是诸多爱美女性护肤的上佳选择。这两款自制海藻面膜，不仅可以帮助整日面对电脑工作的职场美女抵抗电脑辐射给肌肤带来的伤害，帮助她们保持肌肤水嫩透亮，同时还可以在补充肌肤水分的同时，解决肌肤免疫力低、毛孔粗大与暗淡无光等肌肤问题。

忙碌了一天的美女们，不妨慢慢静下心来，拿起手中的面膜工具，给自己的肌肤制作一份天然的肌肤美食，让遭遇了一天电脑辐射的肌肤享受到天然美食带来的深层滋养与呵护。

第三节
柑橘芦荟面膜 白领的防辐射益友

（1）柑橘芦荟面膜

原料：柑橘，芦荟，面粉

工具：榨汁机，搅拌棒，面膜碗，面膜刷

配方：柑橘1个，芦荟1片，面粉适量

用法：首先，将洗净的芦荟与柑橘一同放入榨汁机内，然后将榨好的汁液倒入面膜碗中，加入适量的面粉搅拌均匀，最后用面膜刷将碗内的面膜均匀涂抹于脸部及周围肌肤，待15～20分钟后用温水冲洗干净。

（2）柑橘柠檬面膜

原料：柑橘，柠檬，鸡蛋，面粉

工具：榨汁机，搅拌棒，面膜碗，面膜刷

配方：柑橘1个，鸡蛋1个，柠檬半个，面粉适量

用法：首先，将事先准备好的柑橘与柠檬放入榨汁机内榨汁，然后将榨好的果汁倒入面膜碗中，再将鸡蛋敲开，取其蛋清部分加入面膜碗内，再倒入适量的面粉，用搅拌棒搅拌均匀，最后用面膜刷将搅拌好的面膜均匀地涂抹于脸部及周围肌肤，静敷10～15分钟后，用温水冲洗干净。

各位白领整天坐在电脑面前，面对着电脑进行工作，难以避免电脑辐射给肌肤带来的伤害。作为白领，诸位确实拿着让别人羡慕的高额收入，也享受着一般人无法享受的优越的物质条件。但这都是以牺牲自己娇嫩水润的肌肤为代价换来的。那么，我们能不能做到两者兼顾，在享受高收入与优渥物质条件的同时，也拥有让别人羡慕的娇嫩水润的肌肤呢？不言而喻，方法肯定是有的。

前段时间，我的同事就出现了这种问题，她的薪水很高，皮肤很差，她很苦恼，见我一直保持着不错的皮肤，于是就来向我请教，问有没有什么好方法可以帮她。她还说自己之前还坚持一直去美容院做SPA，可是工作实在是太累了，哪有那么多时间和精力呢？我告诉她不用急，然后推荐了两种DIY面膜给她。

第一种是柑橘芦荟面膜。柑橘芦荟面膜是由柑橘汁、芦荟汁与面粉搅拌而成的天然面膜。首先，将洗净的芦荟与柑橘一同放入榨汁机内，然后将榨好的汁液倒入面膜碗中，再加入适量的面粉搅拌均匀，最后用面膜刷将碗内的面膜均匀涂抹于脸部及周围肌肤，待15～20分钟后用温水冲洗干净。

第二种是柑橘柠檬面膜。柑橘柠檬面膜是由柑橘汁、柠檬汁、鸡蛋清与面粉搅拌而成的面膜。首先，将事先准备好的柑橘与柠檬放入榨汁机内榨汁，将榨好的果汁倒入面膜碗中，再将鸡蛋敲开，取其蛋清部分加入面膜碗内，再倒入适量的面粉，用搅拌棒搅拌均匀，最后用面膜刷将搅拌好的面膜均匀地涂抹

于脸部及周围肌肤，静敷10～15分钟后，用温水冲洗干净。

本来她是不太相信这么简单的面膜会有什么效果的，于是说回去试一试。同事试了两个月，每天都问我她的皮肤有没有好一点儿，其实她的皮肤早就好多了。

第四节
绿茶粉面膜 分享魅力时刻

（1）绿茶粉面膜

原料：绿茶茶叶，绿茶粉

工具：热水，冲泡茶具，面膜棒，小碗

配方：用热水冲泡一杯绿茶，把绿茶茶水倒进小碗中，再把适量的绿茶粉倒进碗中，用面膜棒搅拌至糊状。

用法：洗脸后，用面膜棒把面膜涂抹至脸上，大约10分钟左右，清洗脸部。

（2）绿茶粉薏仁丝瓜面膜

原料：绿茶粉，薏仁粉，丝瓜水

工具：面膜棒，小碗

配方：把适量绿茶粉和薏仁粉混合倒进碗中，并倒进丝瓜水，用面膜棒搅拌至糊状。

用法：清洗面部后，把绿茶泥面膜均匀涂抹在面部，等待15分钟左右，清洗干净。

一天，我在咖啡厅消磨时间，遇到了一位多年不见的老同学晓莉。寒暄过后，出于习惯，我打量起她脸上的皮肤。记得以前这位老同学皮肤可是好得没话说，可令我们羡慕了。可是现在她的脸肤色暗黄缺乏光泽，近看毛孔还特别地粗大。

可能注意到我的目光，晓莉便开始向我抱怨，说她每天都要面对电脑工作，偶尔下了班还想轻松娱乐一下，玩玩游戏什么的，可还是要对着电脑。就是因为长期面对电脑，她的皮肤才这样的。

现代人每天都要和电脑打交道，这样的辐射危害根本是避免不了。可是，虽然我们不能不用电脑，但是也要学会保护自己，保护自己的皮肤啊。于是我就给她推荐了两款自制的抵抗辐射DIY绿茶面膜。

第一种是绿茶粉面膜。晚上冲泡一杯绿茶，将留下的绿茶，加上绿茶粉一起混合，并搅拌至糊状，然后均匀地涂抹在脸上，要避开眼睛鼻孔嘴巴四周，敷上10分钟左右就行了。大概每周二至三次，如果皮肤特别需要补水的话，就连续敷上三天。

第二种是绿茶粉薏仁丝瓜面膜。买一些薏仁粉和丝瓜水，同样地混进绿茶粉中，薏仁粉和绿茶粉大概是1:2的比例，混合后搅拌均匀，最后抹在脸上，敷的时间也不需要很长，也是10分钟就可以了。

这两款面膜，可以混合用，也可以坚持使用一款。长期使用下去，会使受辐射皮肤得到改善。

听我这么说着，晓莉喜出望外，她不停问我是否真的有效。我就跟她说，都是天然的，不含有化学成分的东西，试试就知道了。

就这样过了一段时间，我接到了晓莉打来的一个电话，她在电话那头显得十分兴奋，说自己的皮肤改善了许多，比以前更有光泽更细腻了，然后向我讨教，为什么会有这么神奇的疗效。

其实，我最开心的莫过于自己研究出来的美容方案得到朋友们真心的认可和赞赏，这可不枉自己平时用那么多精力去学习每种天然产品的美容功效。

绿茶之所以能够抵御辐射，就是因为里面含有茶多酚，这种活性物质具有解毒和抗辐射功效，不仅能够吸收放射性物质，还可以阻止放射物质在人体内扩散，被医学界称为“辐射的克星”。还有，茶多酚具有很好的抗氧化作用，能够防止自由基扩散，这样就能延缓衰老。茶多酚的用处也是非常多的，例如用在水果和蔬菜的保鲜上面，只要喷洒上茶多酚的溶液，就可以保持蔬果的新鲜，而在肉类和腌制品加入茶多酚，可以在保鲜的基础上增加口感。而在人体的医学用处上，茶多酚可以降低血脂和血压，增强人体免疫力，并且促进大肠蠕动，有利于人体排毒。

电话那一头的晓莉听了，就连忙问我，要是内服外用两者兼顾，会不会更好呢？关于这个问题，我给出了答案。

在夏天，紫外线特别强烈的时候，最适合喝绿茶，因为绿茶里面的茶多酚可以过滤掉紫外线，消除因紫外线而诱导而形成的自由基，从而减少黑色素的沉淀，减轻肌肤氧化，防止皮肤因为紫外线或者因为辐射问题引起的肤色黯淡发黄，这就等于在全身拉开一道绿色的天然屏障。绿茶外敷内喝，双管齐下，这样就再也不用怕那些伤害皮肤的辐射了。

第五节
蒲公英芦荟面膜 自由畅快没辐射

（1）蒲公英芦荟面膜

原料：晒干的蒲公英，芦荟叶，面膜纸

工具：煎水工具，小碗

配方：先将蒲公英煎一小碗水，再放进面膜纸等其吸收蒲公英的水，然后把芦荟叶洗干净去皮，并切碎放到小碗中。

用法：洗脸后，先敷上一层芦荟，再把沾满蒲公英水的面膜纸敷上，静敷10分钟左右，最后清洗脸部。

（2）蒲公英绿豆粉面膜

原料：晒干的蒲公英，绿豆粉

工具：面膜棒，小碗

配方：先将蒲公英煎一小碗水，倒进适量绿豆粉，用面膜棒搅拌至糊状。

用法：把蒲公英绿豆泥面膜均匀涂抹在已清洗的面部，等待15分钟左右，清洗干净。

表妹菲菲天性浪漫。在一个风和日丽的假期里，她说现在乡下田野开满了蒲公英，可好看了，她想和我一起去感受一下田园风光。我二话不说就答应了。

当我们见到一大片蒲公英时，马上被眼前这片纯色的世界给感染了，这真是太富有诗情画意了。菲菲则跳进蒲公英丛中，欢乐地跳起来。而我呢，二话不说弯腰低头，采摘起蒲公英来。菲菲对我这一举动感到很不解，问我为什么不看风景，摘蒲公英做什么？我把蒲公英放在篮子里，告诉她，最近发现她脸上的T字部位有黑斑了，需要蒲公英来治一治。菲菲急忙拿出随身携带的小镜子，看了看，自己的脸上的确是有黑斑了，孩子到底是孩子，自己的皮肤出现了问题，她也不知道是什么原因。我告诉她，因为她总是玩电脑，可能一两天没什么事，可是时间久了，电脑辐射肯定会对皮肤产生影响的。菲菲大叫，这可怎么办呀，她年纪轻轻的就开始长斑，这以后还怎么嫁人！我笑了笑，向她推荐怎么用蒲公英做一款防辐射的面膜。

第一种，蒲公英芦荟面膜。可以用天然的蒲公英，也可以用市场上买的。把蒲公英拿回家里煎水，分量不用很多，一小碗就可以了。然后采摘一些新鲜的芦荟叶，去皮后取里面的胶状成分切碎，先敷上，再把面膜纸放入蒲公英水中，形成三明治面膜，起到锁水的作用，面膜敷十来分钟就可以了。

第二种，蒲公英绿豆粉面膜。同样先煎碗蒲公英水，倒进适量的绿豆粉，搅拌成糊状，也是敷上十几分钟，最后清洗干净就可以了。

菲菲不解，总说蒲公英可以当茶喝，还能做个菜什么的，还真没听说过用蒲公

英美容呢。虽然嘴边怀疑，她还是开始摘起蒲公英，说回去好好检验我所推荐的面膜。就这样过了一段时间后，又是在一个明媚的日子里，当我再见到菲菲时，她脸上的色斑明显减少了，给人的感觉清爽干净了很多。她眉开眼笑地喊了我一声“专家”。

蒲公英具有药膳作用，它具有清热解毒、消肿散结的功效，还能利尿、缓泻、退黄疸，一般人们都会煎水喝的。而近来，有媒体报道说蒲公英具有降低辐射伤害的作用，国外就掀起一阵蒲公英热潮，很多人都用蒲公英茎叶榨汁喝，以达到从内向外排毒抗辐射的作用。

第六节
白茶玫瑰粉面膜 有效隔离辐射危害

（1）白茶玫瑰粉面膜

原料：白茶，玫瑰粉

工具：热水，冲泡工具，面膜棒，小碗

配方：热水冲泡一杯白茶，倒进适量的玫瑰粉，用面膜棒搅拌至糊状。

用法：洗脸后，先拍打一些爽肤水，再把白茶玫瑰泥均匀涂抹至脸上，避开眼睛嘴巴四周，大概花费10分钟，最后清洗脸部。

（2）白茶薏仁粉蜂蜜面膜

原料：白茶，薏仁粉，蜂蜜

工具：热水，冲泡工具，面膜棒，小碗

配方：先用热水冲泡一杯白茶，再将薏仁粉蜂蜜一起倒进小碗中，蜂蜜和白茶的调配比例为1:3，然后用面膜棒搅拌至均匀。

用法：首先清洗干净脸部，把调配后的面膜涂抹到脸上，避开眼睛嘴角四周，15分钟后，清洗干净。

一次我去大姨家做客，看到满脸愁容的表妹小琪，她只是随随便便打一声

招呼就回到自己的房间了，我有些奇怪，但也没说什么。大姨似乎看出我心中的疑惑，叹了口气向我道出了原委，原来小琪最近的脸色暗黄，没有血色，脸上还长了许多的痘痘，买了很多护肤品祛痘产品都没有用。

我听完大姨的诉说后就去找表妹聊天。一走进她的房间，我就发现她还待在电脑面前敲敲打打，我终于找到堂妹皮肤变差的原因了。因为整天面对电脑，电脑辐射给她的皮肤造成了损害，为了能让她更好地抗辐射，我推荐了两款面膜。

第一种是白茶玫瑰粉面膜。首先在泡完白茶后，留下一小碗，然后倒进一些高温压制过的玫瑰粉，玫瑰粉在卖花茶的地方就有卖的。再用面膜棒均匀搅拌至泥状，然后敷到脸部大约10分钟左右，清洗干净就可以了。

第二种白茶薏仁粉蜂蜜面膜。先泡好一杯白茶，倒进适量的薏仁粉和蜂蜜，搅拌成黏稠状，然后涂抹到脸上，大约15分钟后清洗干净。

小琪一听，觉得都是纯天然的东西，就有跃跃欲试的冲动了。我笑说，等你皮肤变好了，可不要忘了告诉我这表姐啊。果不其然，过了不久后，表妹主动来我家，说要给我看看她的努力成果。

其实表妹的皮肤本来是很好的，她通过白茶面膜法，解决掉了因电脑辐射引起的皮肤问题，肌肤像获得新生一样晶莹剔透。表妹问我，我是怎么发现白茶有这样的神奇效力的?

其实，大家可能不知道，白茶产自福建一带，是很好的消暑茶。上好的白茶不只含有其它茶含有的营养成分，还能够及时提供肌肤需要的氧气，避免氧化带来的肌肤危害，有效起到隔离的作用。至于我为什么用玫瑰粉一起调配使用，是由于白茶本身性寒，而玫瑰有活血化瘀的作用，既能够防辐射又能够红润脸色，改善脸部发黄的问题。在第二款面膜中加入的薏仁粉和蜂蜜，这两者本身就有祛痘和去粉刺的作用，所以薏仁粉、蜂蜜和白茶一起，就能达到祛痘清心火的目的了。

第七节
仙人掌面膜 水润又能防辐射

仙人掌面膜

原料： 食用仙人掌，纯净水

工具： 面膜纸，水果刀，研磨碗，小碗

配方： 将可食用的仙人掌叶子，用水果刀切开表面的刺和经络，将其捣烂，放入小碗中，加入适量的纯净水，然后将面膜纸浸泡在小碗中。

用法： 清洁面部，将含有仙人掌汁液的面膜纸敷在脸上，约20分钟后取下。

现代社会，到处都离不开电子产品，不管你做什么工作，多多少少都是要和电脑打交道的，这就导致了深受辐射困扰的人越来越多。长期坐在电脑前工作，会使皮肤变得粗糙，生皱纹又长斑肤色晦暗，没有生气。但是为了生活，大家还是要继续在辐射中工作。

敏慧是一位办公室白领，也是我的校友，比我低两届。我们是在迎新晚会上认识的，因为合得来，所以毕业也没断了联系。这个小姑娘，一毕业就挑最轻松的工作做，敏慧在一家公司做文员，每天都要和电脑打交道。

工作一段时间后，敏慧发现自己原本好看的脸蛋开始长斑，皮肤也越来越粗糙，这才知道电脑辐射的影响了。这可把她急坏了，小姑娘赶忙询问我的意见。我把仙人掌面膜推荐给了她。

买一些可以食用的仙人掌，用刀切开表面的刺和叶子，捣烂放在碗里，加一点儿纯净水，然后准备一张面膜纸浸泡在碗里，等面膜纸差不多吸收了仙人掌的汁液，洗完脸后，就可以敷在脸上了。

一听仙人掌，敏慧更着急了，因为她听说仙人掌会造成皮肤过敏。所以，她不敢轻易尝试。

在这里，大家不要担心，虽说有人对仙人掌过敏，但是也不是所有人都过敏，你可以先挑一点儿仙人掌的汁液涂在手上，过一段时间后看看没事，就可以放心在脸上用了。要是发现了红肿，可就不敢再用了。仙人掌的茎叶中有丰富的粘液，这里面含有十多种氨基酸、苹果酸、蛋白质，维生素A的含量比西红柿还多，还有很丰富的玻璃酸，玻璃酸可是保湿的精华，这些东西能增强皮肤抗辐射的能力，还能营养皮肤呢。

治痘痘，仙人掌的功效也不错。具体的使用方法是：把仙人掌捣烂之后，挑出一点儿涂抹在长痘痘的地方，然后用透气胶布贴上。如果觉得这样太麻烦，也可以不用面膜纸，把仙人掌捣烂就可以，可以自己加一点儿蜂蜜或者蛋清之类的东西，能保持它黏在脸上就可以。

敏慧频频点头。其实，皮肤有问题，除了电脑辐射的原因，实际上还跟人们的生活压力大和生活不规律大有关系，因此一定要多吃水果，补充维生素，这样身体里的色素才不会沉积，皮肤才不会晦暗。而且还要多喝水，绝对不能让身体里的细胞处于缺水的状态，更要保证充足的睡眠，平时多听听音乐，舒缓压力，这样才能解决皮肤问题。

第六章

控油DIY
不做大油田，给皮肤充分呼吸

第一节
薄荷蛋清面膜 做尤物不做“油物”

（1）薄荷蜂蜜面膜

原料：薄荷叶，奶粉，蜂蜜

工具：汤匙，小碗，面膜棒，研磨碗

配方：将薄荷叶放入研磨碗中捣烂，加入两汤匙蜂蜜和两汤匙奶粉，均匀搅拌成糊状。

用法：清洁面部，将做好的面膜均匀涂在脸上，T字区敷厚一点，加以按摩，10分钟后，用温水清洗干净。

（2）薄荷蛋清面膜

原料：薄荷叶，鸡蛋，绿豆粉

工具：小碗，面膜棒，研磨碗，汤匙

配方：将薄荷叶放入研磨碗中捣烂，鸡蛋打碎，将蛋清放入捣烂的薄荷中，再加入一汤匙的绿豆粉，搅拌均匀。

用法：清洁面部，将做好的面膜均匀敷在脸上，10～15分钟之后，用温水洗干净。

每到夏天和秋天，总有一个问题困扰着女孩子，那就是皮肤出油，尤其是一些天生就是油皮的女孩子，每到夏天和秋天就频繁洗脸，或者用吸油面纸以除去脸上的油光。其实这两种方法都不太好，一来会让皮肤表面的油脂失衡，二来频繁使用吸油面纸，久而久之会出现毛孔粗大的问题，这就是为什么有些女孩子用吸油面纸吸油之后，油越来越多的原因。

夏夏就被这个问题一直困扰着。她是我的大学校友，因为毕业之后在同一座城市里，所以一直都有联系。她说自己天生就是油性皮肤，一到夏天就成了“油物”，真不知道该怎么办才好。

于是我教她自制薄荷面膜，薄荷可以跟多种材料搭配做成面膜，去油控油的主要有两种：

第一种是薄荷蜂蜜面膜。将新鲜的薄荷叶捣烂，加入两汤匙的蜂蜜和两汤匙的奶粉，均匀搅拌成糊状物质，清洁面部之后敷在脸上，10分钟之后清洗。

第二种是薄荷蛋清面膜。还是把薄荷叶捣烂，把鸡蛋里的蛋清放进薄荷里，再加一汤匙绿豆粉，充分搅拌，洗脸之后，就可以用了，敷上大概十几分钟，洗掉就行了。

夏夏似乎不太相信这些简单的面膜会改善她的皮肤，我就向她解释了一下：薄荷里主要含有薄荷醇和薄荷酮，它能清暑利湿，还能消炎镇痛。第一种面膜主要是净肤去油，夏天最合适，敷上去凉丝丝的，还能平衡油脂，在美白和镇静方面也有很好的效果。第二种面膜可以杀菌消炎，吸取多余的油脂，还能深层清洁皮肤，排除毒素，对收缩毛孔也有奇效，坚持一段时间，肯定有效果。

夏夏见我讲得头头是道，决定回去试一试。不知道是过了一个月还是两个月的时间，她又来找我了，还变戏法似的给我展示自己的皮肤，说她坚持了一段时间，脸上果然没有那么多油了。

于是，我又告诉她可以趁着敷脸的时候进行按摩，把皮肤多余的角质去掉，再加上奶粉和薄荷的滋养，这皮肤必定既柔嫩又有弹性的。另外，还可以用薄荷做爽肤水，又简单又实惠：就是把干的薄荷叶放进沸水里，盖上盖子，放置一段时间，等水差不多冷却之后，用滤布把残渣过滤掉，再把那些汁液放在瓶子里保存。这样做出来的爽肤水和其它市面上卖的爽肤水是同样的使用方法——用化妆棉或是手指，蘸取爽肤水，在脸上轻轻拍打就行。

夏夏觉得薄荷真是一种神奇的东西。不过，薄荷的效果还不止这些。把水煮开之后，放进薄荷和绿茶，熄火之后，将水晾凉，滤掉那些渣滓，加上糖就可以喝了。这种薄荷水，能消除夏日的火气，还能抵抗夏季的风热感冒呢。

第二节
酸奶控油面膜 清清爽爽秀活力

酸奶面膜DIY

（1）酸奶控油面膜

原料：酸奶，面粉

工具：搅拌棒，面膜碗，面膜刷，汤匙

配方：酸奶1杯，面粉适量

用法：将事先准备好的酸奶倒入面膜碗中，加入适量面粉，用搅拌棒搅拌均匀，然后用面膜刷将搅拌好的面膜均匀地涂抹于脸部及周围肌肤，静敷10~15分钟后，用温水冲洗干净即可。

（2）酸奶玉米淀粉面膜

原料：酸奶，玉米淀粉

工具：搅拌棒，面膜碗，面膜刷，汤匙

配方：酸奶1杯，玉米淀粉3匙

用法：将事先备好的酸奶倒入面膜碗中，再加入3匙玉米淀粉，用搅拌棒

搅拌均匀，再用面膜刷将搅拌好的面膜均匀地涂抹于脸部，注意避开眼部与唇部周围的肌肤，静敷15分钟之后，用温水冲洗干净，再进行日常的肌肤保养工作。

你是否在为上班不到一半时间，脸上就开始出现油光而苦恼？你是否在为聚会才进行到一半，精心准备的妆容就开始出现浮粉与油汗而尴尬？不论春夏秋冬四季如何变换，不管油性肌肤、中性肌肤、还是混合性肌肤，美女们总是会遇到“油光锃亮”、“毛孔粗大”等肌肤问题。脸部不断产生的油垢、油脂，不仅是诸多美女体内火气旺盛的表现，同时也是她们疏于呵护肌肤的结果。

正因为控油成为许多美女关注的护肤问题，各大护肤品产商开始利用当下火热的时尚明星等公众人物代言，通过电视媒体这一传播平台，向广大爱美女士推销自己的控油产品。为了追求肌肤水嫩清爽，做一个四季清爽美人，诸多爱美的女孩纷纷选择了不同的控油护肤产品。然而，在使用了各种控油产品之后，肌肤真的恢复了水油均衡状态吗？

我们知道，有效改善面部油光，恢复肌肤水油均衡状态，已经成为诸多爱美女孩护肤的头等大事。然而，不可忽略的却是，追求水油均衡确实极为必要，但却不能以透支肌肤的承受能力为代价。这时，如何寻找一种既能达到水油均衡的肌肤状态，又不会对肌肤造成潜在伤害的护肤控油方法显得极为重要。在这里，我将分享两款朋友推荐给我的自制控油面膜，希望可以帮助爱美的女孩实现“清爽美人”的夙愿。

第一种是酸奶控油面膜。酸奶控油面膜是一种以酸奶为主原料，辅之以适量的面粉制成的控油面膜。首先，将事先准备好的酸奶倒入面膜碗中，加入适量面粉，用搅拌棒搅拌均匀，然后用面膜刷将搅拌好的面膜均匀地涂抹于脸部及周围肌肤，静敷10～15分钟后，用温水冲洗干净。

酸奶控油面膜纯净天然，具有恢复肌肤柔嫩状态，促进肌肤新陈代谢，有效紧致毛孔的功效。而且这款面膜质地温和，不仅适合中性肌肤、油性肌肤与混合性肌肤，敏感性肌肤同样适用。

第二种是酸奶玉米淀粉面膜。酸奶玉米淀粉面膜是用酸奶与玉米淀粉搅拌而成的控油面膜。首先，将事先备好的酸奶倒入面膜碗中，加入3匙玉米淀粉，用搅拌棒搅拌均匀，然后用面膜刷将搅拌好的面膜均匀地涂抹于面部，注意避开眼部与唇部周围肌肤，静敷15分钟后，用温水冲洗干净，再进行日常的肌肤保养工作即可。

酸奶玉米淀粉面膜富含乳酸与净化因子，能深层洁净肌肤污垢，有效改善肌肤暗沉、T区油腻等负面问题，还能有效收缩张开的毛孔，坚持使用可使肌肤恢复紧致细腻状态。

如果你厌烦了市场上良莠不齐的控油护肤用品，如果担心含有化学物质的控油产品会给自己的肌肤带来潜在的伤害，那么，不妨停止使用你以前的控油护肤用品，试试我推荐的这两款自制面膜的工具与原料，亲自DIY一份自己可以放心使用的天然面膜。

第三节
橘子燕麦面膜 控油尽在掌控之中

橘子面膜DIY

（1）橘子燕麦面膜

原料：橘子，燕麦

工具：榨汁机，搅拌棒，面膜碗，面膜刷，汤匙

配方：新鲜橘子1个，燕麦2大匙

用法：先将洗净后的橘子放入榨汁机内，然后将榨好的橘子汁倒入面膜碗中，再加入2大匙燕麦，用搅拌棒搅拌成糊状，最后用面膜刷将面膜碗内调制好的面膜均匀地涂抹于脸部及周围肌肤，注意尽量避开眼部与唇部周围脆弱的肌肤。待15～20分钟后，用清水冲洗干净，再进行日常的护肤保养工作。

（2）橘子柠檬面膜

原料：橘子，柠檬，面粉

工具：榨汁机，搅拌棒，面膜碗，面膜刷

配方：橘子1个，柠檬半个，面粉适量

用法：首先，将事先准备好的橘子与柠檬一同放入榨汁机内，然后将榨好的果汁倒入面膜碗中，再加入适量的面粉进行搅拌，直至碗内面膜搅拌成糊状物后，再用面膜刷将调制好的面膜均匀地涂抹于脸部及周围肌肤，待10～15分钟后，用温水冲洗干净。

面部肌肤油脂分泌过多，脸部出现一层厚厚的油脂，不仅破坏了诸多爱美女性精致的妆容，同时也容易引发毛孔粗大、粉刺突增等肌肤问题。许多爱美美女为了防止油脂过多、毛孔粗大等肌肤问题的出现，不惜狠下血本，从商场购买洗面奶、爽肤水、乳液与吸油纸等控油补水的护肤用品。然而，令她们沮丧的是，尽管投入了大量的时间与金钱，脸上水油失衡引发的肌肤问题依旧没有解决。

凡凡是我的一个朋友，她本来是想控油补水，没想到却因为没有选对产品而导致面部出油越来越多。这不，她想让我解决她的问题。我告诉她，主要是因为她选错了方法，这些护肤用品虽然昂贵，却治标不治本。可能在刚开始使用的时候，水油失衡问题确实会得到一定的改善，但是长时间使用，待肌肤对这些控油产品产生免疫之后，水油失衡问题会再度出现。这时，要恢复毛孔紧致、水油均衡、娇嫩白皙的肌肤，就必须使用一些天然无伤害的物质，于是我推荐给她两种橘子面膜。

第一种是橘子燕麦面膜。橘子燕麦面膜是由榨好的橘子汁与燕麦混合而成。先将洗净后的橘子放入榨汁机内，然后将榨好的橘子汁倒入面膜碗中，再加入2大匙燕麦，用搅拌棒搅拌成糊状，最后用面膜刷将面膜碗内调制好的面膜均匀地涂抹于脸部及周围肌肤，注意尽量避开眼部与唇部周围脆弱的肌肤。待15～20分钟后，用清水冲洗干净，再进行日常的护肤保养工作。

橘子汁与燕麦这种天然的去角质去污垢能手搭配在一起，既能强化去污

垢、去角质的功效，同时还能在此基础上有效恢复肌肤水油均衡，进而促使肌肤保持水润和清爽的健康状态。

第二种是橘子柠檬面膜。橘子柠檬面膜是由橘子汁、柠檬汁与适量面粉混合搅拌而成的控油面膜。首先，将事先准备好的橘子与柠檬一同放入榨汁机内，然后将榨好的果汁倒入面膜碗中，加入适量的面粉进行搅拌，直至碗内面膜搅拌成糊状物后，再用面膜刷将调制好的面膜均匀地涂抹于脸部及周围肌肤，待10～15分钟后，用温水冲洗干净即可。

橘子汁具有美白祛斑的功效，与清新的柠檬汁搭配在一起，不仅能够强化白嫩肌肤，还能有效补足肌肤所需水分，缩小毛孔，紧致肌肤，促使肌肤恢复白里透红，光泽靓丽的饱满状态。

凡凡按照我说的方法，回家试了试，两个月之后告诉我说，果然很有效果，还说自己不但解决了出油的问题，还省下了不少钱，真是一举两得。其实，爱美就是这么简单，不用花大量的金钱，只要一周坚持敷2～3次面膜，就能享受到天然肌肤美食给你带来的惊喜。

第四节
绿豆生菜面膜 让你远离油光烦恼

（1）绿豆黄瓜面膜

原料：绿豆，黄瓜，面粉

工具：汤匙，榨汁机，搅拌棒，面膜碗，面膜刷

配方：黄瓜1根，绿豆2匙，面粉适量

用法：将黄瓜洗净去皮后，与事先准备好的绿豆一同放入榨汁机内，然后将榨好的汁液倒入面膜碗中，加入适量的面粉，用搅拌棒搅拌均匀后，用面膜刷均匀地涂抹在脸部及周围肌肤，待15分钟后，用温水冲洗。

（2）绿豆生菜面膜

原料：绿豆、生菜、面粉

工具：榨汁机、搅拌棒、面膜碗、面膜刷

配方：绿豆1小把，生菜3片，面粉适量

用法：将绿豆与生菜放入榨汁机内，然后将榨好的汁液倒入面膜碗中，加入适量的面粉搅拌均匀，最后用面膜刷将面膜碗内搅拌好的面膜均匀地涂抹于脸部，待静敷10～15分钟后，用温水冲洗干净，再进行日常的肌肤保养工作。

在这个全球气候变暖，气温日益上升的环境下，我们的肌肤总是因为油脂分泌得特别旺盛而使脸上像蒙了一层猪油般锃亮，而且粉刺痘痘也经常如雨后春笋般层出不穷。

我的远房亲戚梦甜就遇到了这种问题。她本身就是油皮，一到夏天的时候，就买好多的吸油面巾纸，可是越用油越多，最近一段时间她还发现，毛孔越来越大了。那次她来我们家串门，就向我讨教良方。我观察了一下她的皮肤，向她介绍了两款控油面膜，这两种面膜都是将绿豆作为原材料，不仅具有消炎杀菌、清热舒爽的功效，同时还能有效解决水油失衡带来的毛孔粗大、面泛油光等肌肤问题。这两款面膜分别是绿豆黄瓜面膜与绿豆生菜面膜，它们不仅简单易做，同时还可以在短时间内降低肌肤表层温度，为肌肤带来少有的清凉与舒适。

第一种是绿豆黄瓜面膜。绿豆黄瓜面膜，是由榨好的绿豆汁、黄瓜汁与适量面粉搅拌而成的控油面膜。首先，将黄瓜洗净去皮后，与事先准备好的绿豆一同放入榨汁机内，然后将榨好的汁液倒入面膜碗中，加入适量的面粉，用搅拌棒搅拌均匀后，用面膜刷均匀地涂抹在脸部及周围肌肤，待15分钟后，用温水冲洗干净。

绿豆具有消炎杀菌、清爽控油的功效，与可以紧致毛孔、美白肌肤的黄瓜搭配在一起，不仅能够解决肌肤发炎、粉刺突出等肌肤问题，同时还能给予肌肤充分的水营养，帮助肌肤恢复水油均衡，进而达到水润透亮、白皙娇嫩的状态。

第二种是绿豆生菜面膜。绿豆生菜面膜是由榨好的绿豆汁液、生菜汁液与适量的面粉混合而成的控油面膜。首先，将绿豆与生菜放入榨汁机内，然后将榨好的汁液倒入面膜碗中，再加入适量的面粉搅拌均匀，最后用面膜刷将面膜碗内搅拌好的面膜均匀地涂抹于脸部，静敷10～15分钟后，用温水冲洗干净，再进行日常的肌肤保养工作即可。

虽然绿豆生菜面膜的制作方法简单，但其控油祛痘的效果却是其它控油产品的十倍。具有凉血消炎、防痘控油功效的绿豆，与具有舒缓肌肤功能的生菜搭配起来，不仅可以有效调节肌肤水油均衡，同时还可以防止粉刺痘痘的产生。

在容易出汗的夏季，所流的汗很容易造成错觉，让人觉得自己皮肤其实还挺湿润的，因而也就不需要给肌肤补充水分。然而，这种错觉带来的后果却是，肌肤严重缺水，水油失衡，粉刺痘痘开始不自觉地在脸上蔓延。等到脸部肌肤变得千疮百孔之后，才会发现原来疏于对肌肤的照料竟然会造成这么严重的后果。

梦甜回家就按照我说的方法试了试，我忙于工作，也没顾得上问她效果如何。三个月之后，小丫头来了电话，说自己的皮肤像是脱了一层皮似的，毛孔小了，粉刺也不见了，也不怎么出油了。我真心为梦甜感到高兴，哪个小姑娘不喜欢自己有水嫩嫩的皮肤呢?

其实，夏天容易出汗，不仅不能忽视对肌肤的保养，反而更应该注意保湿问题，给肌肤以充足的水营养，只有这样才能达到防油治痘的功效。这两款绿豆面膜，不仅能给予肌肤所需的水分，恢复肌肤的水润，同时还能有效控油防痘，给肌肤撑起一把天然的防护伞，让肌肤感受到最精心的呵护。

第五节
梨子酸奶面膜 给你的毛孔“舒压”

（1）梨子酸奶面膜

原料：梨子，酸奶，压缩面膜纸

工具：榨汁机，小碗

配方：用榨汁机榨取新鲜梨子的果汁，把果汁和酸奶一起倒进小碗里，放进面膜纸，让其吸收汁液。

用法：洗脸后，先拍打一下爽肤水，将吸收丰富汁液的面膜纸敷到脸上，大概15分钟左右，然后清洗脸部。

（2）梨子蛋清面膜

原料：梨子，鸡蛋

工具：榨汁机，小碗

配方：先用榨汁机榨取新鲜梨子的果汁，取一只鸡蛋筛出蛋清，把蛋清和梨汁同时倒进小碗中搅拌。

用法：清洗脸部，把调配好的面膜直接涂抹到脸上，避开眼睛嘴角四周，等待至15分钟左右，清洗干净。

最近喜事连连，前不久就收到大学同学小娜的结婚喜帖，当我打电话给她贺喜的时候，她却没有想象中的那样幸福，小娜约我出去好好聊聊，说自己最近忙着婚礼的事情，都有些婚前焦虑症了，于是我欣然赴约。一见到小娜，她还是像以前那样风风火火的，不过一坐下来，就忍不住向我说起她的烦忧。她说最近实在太累了，为了结婚神经一直紧绷着神经，为了美好的身材开始减肥，可是她也不知道是不是因为压力太大，还是别的什么原因，脸上开始长粉刺，而且毛孔越来越粗大，特别是鼻子两边的毛孔，有些大得有些夸张，而且好像还伴有黑点。

说到苦恼处，小娜一下子又变得很紧张了，担心这样的皮肤会被来宾们笑话的。我告诉她，皮肤问题都是因为压力过大，神经太紧张以及气候变换导致的，因此首先要放松心态。然后我教了她两个面膜，这两个面膜的主材料都是梨，我知道小娜爱吃梨子。

一种面膜是将梨子榨汁，把梨汁和酸奶混合搅拌均匀，再拿压缩面膜纸吸收里面的汁液，敷到脸上约15分钟，然后就去洗脸。还有一种面膜就是，先拿梨子去榨汁，再选取鸡蛋里面的蛋清，把梨汁和蛋清混合，调配好后，直接涂抹在脸上，不过要避开眼睛嘴角四周，15分钟以后清洗。

试过各种方法来补救肌肤的小娜，听完后，怀疑这么简单的面膜能有效果吗？我承诺说，放心吧，等你用完这种面膜后，我们就只等看到你结婚那天容光焕发的样子了。

到了小娜婚礼那天，我早早就来到婚宴会场。只见她穿着华丽的婚纱，轻松自如地穿梭在宾客中招呼应酬，完全就是一个沉浸在幸福当中的自信十足的新娘子。我还注意到，她的皮肤状态非常好。当她见到我，兴奋地向我招手，感激地告诉我，那两款面膜真是神奇，才一个月就把问题解决了，她还追问我，为什么梨子会有这样神奇的功效。

在炎热的夏季，吃上一个香甜可口的梨子，能令人舒服畅快，因为它能够降火解热，消除人体内的毒素达，还能够软化血管储存钙质。作为美容用品，梨子就是天然清洁剂，因为其中含有的维生素有温和的清洁与解毒功效，甚至能够达到深层清洁，可以吸收掉多余脂肪，对于油性和中性皮肤更具平衡油脂分泌的作用。梨子面膜在清理毛孔里面的脏东西后，又能够控制油脂继续分泌，毛孔一旦干净了，自然就会自我修复缩小了。

小娜听完发出感慨："真的想不到清凉解暑的梨子还能缩小毛孔，我可以告诉其他的姐妹们，这可是广大毛孔粗大的姐妹的福音啊！"

第六节
苏打粉牛奶面膜 让毛孔清新一夏

（1）苏打面膜

原料：苏打粉，水，压缩面膜纸

工具：小碗

配方：调配水和苏打粉比例为3:1，一起倒进小碗中，放进压缩面膜纸

用法：洗脸后，把沾湿苏打水的面膜纸敷上脸，大概5～10分钟后，清洗脸部。

（2）苏打粉牛奶面膜

原料：苏打粉，牛奶

工具：小碗

配方：调配牛奶和苏打粉比例为2:1，一起倒进小碗中，放进压缩面膜纸。

用法：清洗脸部，面膜纸敷在脸上，等待15分钟左右，清洗干净。

一到夏天，很多人就有毛孔出油的困扰，特别是T字部位看起来更加油光光的，男生出现这样的问题会给人轻浮、不踏实的感觉，女生则会给人留下没有好好注意自己脸部卫生的印象。因为油脂分泌旺盛，脸部皮肤会很容易沾上

空气中的各种尘埃颗粒，堵塞毛孔，一旦毛孔无法舒畅地呼吸，在流汗的时候不能有效地把毒素排泄出去，这样皮肤就会分泌更多的油脂，造成恶性循环，使得出油的问题越来越严重，导致皮肤上长出大片痘痘粉刺和黑头。

朋友丽丹就遇到过这样的皮肤问题。在夏天，她可是一直和油脂做着顽强的斗争，屡败屡战，屡战屡败。这不，她找到了我，要我帮她想想法子。

在观察过她的皮肤之后，我告诉她，她的油脂分泌很旺盛，想要有效地控制，必须先疏通毛孔。丽丹听我说得头头是道，马上问用什么方法可以清理毛孔。

要想清理毛孔，不用大动干戈，更不能用手去挤压，或者用手抠，这样做的后果，就是会把埋藏在底部的毛孔中的垃圾遗留在毛孔里，一旦毛孔又吸收到外界的脏东西后，就会长出更多的粉刺，使得原来的毛孔变得更加粗大，增加了毛孔负担。苏打就可以轻松解决这个问题，于是我把两种苏打面膜告诉了她。

第一种是自制苏打面膜。先把适量的苏打粉倒进一个小碗中，再到适量的清水，这个苏打和清水的调配比例应该是1:3，然后用面膜纸沾上苏打水，再将面膜纸敷到脸上，时间不用太久，5～10分钟就可以了。

假如鼻子上的黑头十分严重，早上起来还可以用化妆棉替代面膜纸，把沾满苏打水的化妆棉顺着毛孔的生长方向敷在鼻子上，5分钟就可以出成果了。不过这个方法不宜天天使用。

另一种是苏打牛奶面膜。与苏打面膜采取同样的方法，直接以牛奶和苏打2:1的比例混合。

吃完饭丽丹表示了自己的担心，问苏打粉直接敷在面上，会不会有什么副作用。我告诉她一般情况下这是不会有问题的，因为苏打粉经常被用于食物的发酵过程中，如果害怕过敏，就沾一点儿苏打水拍在耳背上，观察是否有过敏现象就可以了。丽丹记下这个方子后，说试过这么多办法，希望这次的苏打面膜真能派上用场。

当我再一次见到丽丹的时候，她马上就对我千恩万谢起来，说自己试了两个月，这两款面膜的效果非常明显，比那些美容广告商吹嘘的清洁控油产品好多了，她说自己已经很久不用吸油面纸了。

我们人体的油脂是酸性物质，而苏打是碱性物质，鉴于酸碱中和的原理，黑头粉刺遇到了苏打就自然会软化，清理毛孔的作用也就起到了。而你想控油，一味在油脂分泌上面下功夫是远远不够的，必须先通毛孔。

丽丹说，难怪平时见到她妈妈会将苏打粉稀释到水中，用来洗碗碟，原来这能够清除油腻。

苏打粉的用处还不止这些，它还是很好的除臭剂。假如冰箱出现异味，可以放进一些苏打粉，让其吸收异味。如果微波炉发出难闻的气味，也可以稀释一些苏打水，用抹布沾湿清洗，这样就能够消除臭味了。

第七节
黑啤燕麦面膜 劲爽还控油

（1）黑啤面膜

原料：黑啤，压缩面膜纸

工具：小碗

配方：直接倒适量的黑啤到小碗中，放进压缩面膜纸。

用法：洗脸后，把沾湿黑啤的面膜纸敷到脸上，大概15分钟左右清洗面部。

（2）黑啤燕麦面膜

原料：黑啤，燕麦

工具：小碗，面膜棒

配方：把适量的黑啤和燕麦一起倒进小碗中，用面膜棒均匀搅拌。

用法：清洗脸部，用面膜棒把黑啤燕麦均匀涂抹在脸上，避开眼睛嘴四周，等待15分钟左右，清洗干净。

邻居小凤最近这段时间很是奇怪，不管是白天还是晚上，反正外出的时候，她不是戴着墨镜就是戴着口罩什么的，老是给人一种神神秘秘的感觉，这可让住在周围的邻居议论纷纷。一次在电梯里巧遇她之后，她终于说出了自己的秘密。

“其实，我也不想老是戴着墨镜什么的，可是我也是没办法，因为不这样的话，实在没法子见人。”说着，她伸手摘下了自己的大框墨镜。我一看，哦，原来又是油脂惹的祸。只见小凤的脸上，不仅是T字部位，额头还有下巴都像浸了一层油似的。我记得之前她的皮肤很好，完全没有这么严重的皮肤问题，于是问她是不是生活不规律。小凤说，最近她换了一份工作，每天晚上都要应酬，晚上不仅要熬夜还要吃很多上火的食物，不要说脸上，就是身体的毒素都排不出来，而她又是特别爱美的女士，平时一定要化妆之后才能出门。可是这满脸的油脂，令她不敢再抹什么脂粉了，怕会堵塞毛孔造成更加不堪的后果，所以不得已只好出门戴着口罩或者墨镜了。

看到小凤苦恼的样子，我就将自己最近在用的自制面膜推荐给她。

将一些黑啤到准备好的小碗里，再放进一个压缩面膜纸，一个黑啤面膜就做好了，敷上15分钟后洗脸。连续敷上几天后，再换上另外一款，就是在黑啤里面加上燕麦，燕麦的多少就看个人喜欢的黏稠程度，自己控制就好，这次直接把黑啤燕麦涂抹在脸上，避开眼睛嘴角四周，过15分钟后洗面，再进行平时的日常保养就可以了。

小凤十分不理解，觉得啤酒怎么可能做面膜呢，于是，我就耐心向她解释起来。

在啤酒大国德国，很多女性就是用黑啤来保养皮肤的，这可是她们用来收缩毛孔，达到控油效果的一个民间偏方呢。黑啤是经过谷物发酵而成的，在发酵过程中会产生酶，而酶就是分解角质和油脂的最好物质。

小凤听我这样一讲，马上拿起手机记录下来，说假如这个黑啤面膜真的有效，就真的要好好答谢我。

最后也不知道小凤有没有去尝试我的面膜秘方，没过多久我就去外地出差了。等我回来后，小凤敲了我家的门。我打开门一看，她捧着自己烤制的蛋糕，说要送给我。

原来，她果真使用了黑啤面膜，坚持一段时间后，油脂分泌得少了，现在她又可以上妆了，再也不用带着墨镜出门了。不过她说，单单就是黑啤就可以收缩毛孔了，为什么还要在第二款面膜中加入燕麦呢？

黑啤可以收缩毛孔，收缩毛孔可以达到控油的目的，这是众所周知的，但是黑啤只能收缩毛孔，如果不先把毛孔里面的垃圾清理掉，这会不利肌肤以后的生长。而燕麦能够深度清洁皮肤，有助于清除毛孔中的污垢，和黑啤搭配能更好地收敛毛孔和控油。

看着她恍然大悟的样子，我又告诉她，黑啤还可以替代爽肤水使用，方法也是最简单的：洗脸后将黑啤直接喷洒在脸上、颈部，轻轻拍打，让皮肤充分吸收黑啤的精华，但是千万要记住，黑啤护肤之后，一定要清洗干净脸部，因为黑啤含有发酵成分，长时间停留在脸上反而对皮肤有害。

第八节
菠萝蜂蜜面膜 还肌肤一片“清爽天地”

菠萝面膜DIY

（1）菠萝海藻粉面膜

原料：菠萝，海藻粉，甘油

工具：榨汁机，搅拌棒，面膜碗，面膜刷，汤匙

配方：菠萝2片，海藻粉2小匙，甘油1小匙

用法：将去皮后的菠萝放入榨汁机内榨汁，将海藻粉放入面膜碗内，加入适量的矿泉水搅拌均匀，再将榨好的菠萝汁与甘油一同倒入面膜碗中搅拌均匀，最后用面膜刷将搅拌好的面膜均匀地涂抹于脸部肌肤，待静敷10~15分钟后，用温水冲洗干净。

（2）菠萝蜂蜜面膜

原料：菠萝，蜂蜜，面粉

工具：榨汁机，搅拌棒，面膜碗，面膜刷

配方：菠萝2片，蜂蜜1匙，面粉适量

用法：将去皮后的菠萝放入榨汁机内，然后将榨好的菠萝汁倒入面膜碗中，再加入1匙蜂蜜与适量面粉，用搅拌棒搅拌均匀，用面膜刷将搅拌好的面膜均匀地涂抹于脸部及周围肌肤，待静敷10～15分钟后，用温水冲洗干净。

相信大部分女生都知道夏季炎热皮肤易出汗，因而脸部容易在不知不觉间形成一层厚厚的油腻，然而她们却忽略了这么一点：在干燥的秋冬季节，脸部肌肤出油也同样在不同程度上骚扰着我们。因此，控油这一艰巨的任务不分季节，一直都是不能忽略的头等大事。在日常生活中，许多人控油不当，反而使脸部肌肤越控越油。那么，什么样的控油方法才最为健康得当呢？答案当然是自制的纯天然水果面膜了。在众多水果面膜当中，用菠萝自制的面膜能极为有效地控油。

前段时间，我的大学朋友晓丽向我诉苦，说自己最近的生活不规律，导致荷尔蒙严重失衡，脸部肌肤也变得油腻腻的，特别是早上一觉醒来之后，伸手往脸上一模，粘在手上的那层油脂简直是个大油田。不仅如此，脸部肌肤油脂分泌过度，还引发了毛孔粗大、粉刺痘痘层出不穷等问题。为了解决这一问题，晓丽尝试了各种控油的护肤品，但大都收效甚微。为此，晓丽感到甚是苦恼，不但花了大量金钱，脸部肌肤出油问题却依旧没有得到解决。这时，晓丽想起我平时喜欢自己动手DIY各种面膜，便要我帮她支两招。于是，我推荐了两款控油效果十分的自制面膜给她。

第一种是菠萝海藻粉面膜。首先，将去皮后的菠萝放入榨汁机内榨汁，然后将海藻粉放入面膜碗内，加入适量的矿泉水搅拌均匀，再将榨好的菠萝汁与甘油一同倒入面膜碗中搅拌均匀，最后用面膜刷将搅拌好的面膜均匀地涂抹于脸部肌肤，待静敷10～15分钟后，用温水冲洗干净。

另一种是菠萝蜂蜜面膜。将去皮后的菠萝放入榨汁机内，然后将榨好的菠萝汁倒入面膜碗中，再加入1匙蜂蜜与适量面粉，用搅拌棒搅拌均匀之后，用面膜刷将大功告成的面膜均匀地涂抹于脸部及周围肌肤，静敷10～15分钟后，用温水冲洗干净。

晓丽拿笔记下我推荐的这两款自制面膜后，便匆匆忙忙地走了，很着急似的。这也难怪，皮肤永远都是女孩子最在意的问题。望着她离开的方向，我笑着摇摇头，希望这两款自制面膜可以有效帮她解决皮脂分泌过度的问题。

一个月后，晓丽果然打电话来报喜了，她在电话中说道："你推荐的这两款自制面膜果然无敌，我才用了两周，脸部油脂分泌就逐渐减少。一个月下来，脸部肌肤明显不怎么出油了。不仅如此，脸上的粉刺痘痘也有所减少，毛孔也逐渐变得细致起来。"听了她的话，我笑着告诉她，控油贵在坚持，绝对不能松懈，坚持下去，皮肤就会越来越好的。

第七章

去角质DIY

对角质say no，给皮肤减负

第一节
珍珠粉蛋清面膜 角质沉淀不再来

（1）珍珠粉酸奶面膜

原料：珍珠粉，酸奶，蜂蜜

工具：汤匙，搅拌棒，面膜碗，面膜刷

配方：珍珠粉1匙，酸奶3匙，蜂蜜1匙

用法：将预先准备好的珍珠粉、酸奶与蜂蜜一同倒入面膜碗中，用搅拌棒搅拌均匀，最后用面膜刷将面膜均匀地涂抹在脸部及周围肌肤上，静敷15～20分钟后，用温水冲洗干净，再进行日常的肌肤保养工作。

（2）珍珠粉蛋清面膜

原料：珍珠粉，蛋清，面粉

工具：汤匙，搅拌棒，面膜碗，面膜刷

配方：珍珠粉2匙，鸡蛋1颗，面粉适量

用法：将鸡蛋取蛋清后放入面膜碗内，加入2匙珍珠粉与适量面粉，用搅拌棒搅拌均匀，最后用面膜刷将搅拌好的面膜均匀地涂抹于脸部及周围肌肤，静敷8～10分钟后，用温水冲洗干净。

秋季气候干燥，肌肤容易出现黯淡无光、粗糙干燥的现象，爱美的美女们，你们是不是正在困扰：为什么会出现上述肌肤问题？其实，肌肤要摆脱干燥问题需要通过去角质来解决。

在护肤过程中，许多美女只知道要去除角质，却不知道角质是否一定要去除，以及角质应该如何去除。其实，这些美女对去角质问题有了一定的了解，却仅仅停留在表层。其实角质层对肌肤具有一个非常重要的功效，那就是它能够有效减少肌肤水分蒸发，进而保持肌肤水润自然。因此，只有适当地去除角质，才能防止肌肤代谢过慢，帮助肌肤吸收保养品含有的营养成分，从而使肌肤保持健康光泽状态。

我有一个朋友叫小洁，她毕业以后在一家外企工作。小洁平时的工作量较大，不是在办公室对着电脑工作，就是在外跑业务。对于一个女孩子来说，在外头打拼本就不是一件易事，再加上平时工作繁忙，小洁一直没有找男朋友。父母为此催了她好几回，但都被小洁以工作繁忙，没时间和精力恋爱为由拒绝了。为了这事，小洁的父母还给我打了好几回电话，要我帮着劝一下小洁。于是，我也只好硬着头皮来劝小洁：“小洁，你父母都为这事急了好久，难道你真不打算找男朋友了？”为了截住小洁那套“没时间、没精力”的推脱，我又补了一句：“工作再忙，总还是有时间的，不要用对付阿姨的那一套来应付我。”小洁沉默了许久，终于开腔了，她指了指自己的脸，说：“只是你看我这张被摧残的脸，黯淡无光、粗糙干燥，有谁会瞧得上我？”没想到以往的自信达人会有这样的念头，倒叫我大吃一惊。转念一想，原来她是为了外表而纠结不已，并不是不愿找男朋友。这样的话，阿姨拜托我帮忙的事倒也容易了。我笑着调侃道：“你平素这么自信，竟然也会有自卑的时候。”见小洁作势要来打我，我连忙补了一句：“这也容易，我推荐两款自制面膜给你，保证你以后再也不会为了这事烦忧。”

第一款是珍珠粉酸奶面膜。首先，将预先准备好的珍珠粉、酸奶与蜂蜜一同倒入面膜碗中，然后用搅拌棒搅拌均匀，最后用面膜刷将搅拌好的面膜均匀地涂抹在脸部及周围肌肤上，静敷15～20分钟后，用温水冲洗干净，再进行日常的肌肤保养工作。

第二款是珍珠粉蛋清面膜。首先，将鸡蛋敲破取蛋清放入面膜碗内，再加入2匙珍珠粉与适量面粉，用搅拌棒搅拌均匀，最后用面膜刷将搅拌好的面膜均匀地涂抹于脸部及周围肌肤，静敷8～10分钟后，用温水冲洗干净。

小洁听了我的话后，便回家尝试去了。小洁走了之后，我便将这事抛到脑后了。没想到，一个月后，小洁的父母打电话给我，还告诉我一个劲爆消息。他们在电话中说道："阿姨就知道你一定能够办到。果然如此，小洁现在找到男朋友了，我和你叔叔再也不用为这事担心了。"阿姨在电话中说了好久，最后才笑呵呵地挂了电话。阿姨电话刚挂，手机便又响了起来，我拿起一看，发现是小洁打电话来了，便按下了接通键，佯装生气道："你这重色轻友的家伙，是不是有了男朋友就忘了我了？"小洁非常高兴地说："多亏了你推荐的那两款面膜，我的皮肤现在恢复了健康光泽状态。"

第二节
市瓜牛奶黄豆粉面膜 美体也美肤

（1）木瓜燕麦面膜

原料：木瓜，燕麦

工具：搅拌棒，面膜碗，面膜刷

配方：木瓜1块，燕麦适量。

用法：将木瓜去皮后捣碎成泥，放入面膜碗中，再加入适量的燕麦，用搅拌棒搅拌均匀，最后用面膜刷将搅拌好的面膜均匀地涂抹于脸部及周围肌肤，静敷15～20分钟后，用温水冲洗干净，再进行日常的肌肤保养工作。

（2）木瓜牛奶黄豆粉面膜

原料：木瓜，牛奶，黄豆粉

工具：汤匙，搅拌棒，面膜碗，面膜刷

配方：木瓜1块，牛奶3匙，黄豆粉2匙。

用法：将木瓜去皮后捣碎成泥，放入面膜碗中，加入事先准备好的牛奶与黄豆粉，用搅拌棒搅拌均匀，最后用面膜刷将搅拌好的面膜均匀地涂抹于脸部及眼周肌肤，待静敷10～15分钟后，用温水冲洗干净。每周1～2次。

对于众多爱美女性来说，美白一直是呵护肌肤的头等大事。然而，黯淡粗糙的肌肤往往难以吸收保养品的美白营养成分，因此去角质成为美白肌肤的重要步骤。目前，市场上去角质的护肤产品琳琅满目，其中大部分都卓有功效。不过，不可否认的是，这些去角质产品的功效越显著，其中存在的安全隐患也就越大。与其烦忧如何购买到安全又有效的去角质产品，不如亲自动手为自己的肌肤DIY一份天然去角质面膜。

我的高中朋友琼琼，她皮肤天生比较黑，为了成为白富美，曾购买了大批美白去角质的洗面奶、乳液、面膜等护肤用品，坚持用下来，也有了一定的成效，脸部肌肤确实比以前白了不少。但是，长时间下来，琼琼的肌肤似乎已经对这些护肤品免疫了，不仅再看不到美白的效果，皮肤比以前更容易被晒黑了。为此，琼琼感到十分痛心。听了琼琼的抱怨，我笑着摇了摇头。为了满足她蜕变成白富美的愿望，我给她推荐了两款自制的去角质面膜。

第一款是木瓜燕麦面膜。首先，将木瓜去皮后捣碎成泥，放入面膜碗中，加入适量的燕麦，用搅拌棒搅拌均匀，最后用面膜刷将搅拌好的面膜均匀地涂抹于脸部及周围肌肤，待静敷15～20分钟后，用温水冲洗干净，再进行日常的肌肤保养工作。

第二款是木瓜牛奶黄豆粉面膜。将木瓜去皮后捣碎成泥，放入面膜碗中，加入事先准备好的牛奶与黄豆粉，用搅拌棒搅拌均匀，最后用面膜刷将搅拌好的面膜均匀地涂抹于脸部及周围肌肤，待静敷10～15分钟后，用温水冲洗干净。每周1～2次。

琼琼听了我的推荐后，马上拿起笔记了下来。担心琼琼过度使用，我又补充了一句："去角质不能太频繁，否则容易伤到肌肤，这两款面膜每周做1～2次即可。"琼琼听了我的话便迫不及待地赶着回去自制面膜了。琼琼是个急性子，没过两天便打电话来抱怨了，她说："你推荐的这两款面膜貌似没有效果啊。”我理解琼琼这种恨不得一天就能变白的心理，于是安抚道：“心急吃不了热豆腐，这种纯天然的面膜不像你在市面上买的面膜，这需要多用几次才能有效果。这两款面膜是纯天然的，不会对你的肌肤产生任何伤害。你只有在坚持一阵子之后，才能看到美白效果。”

一个月后，琼琼果然如约打电话过来，只是这次的语气充满了欢喜。她在电话中说道：“你果然没有骗我，这两款面膜虽然见效慢，但是去角质和美白的效果确实不错。不仅如此，这两款面膜也不像市面上的护肤品那样伤害皮肤。”

第三节
杏仁酸奶面膜 彻底摆脱角质烦恼

（1）杏仁酸奶面膜

原料：杏仁粉，酸奶

工具：汤匙，搅拌棒，面膜碗，面膜刷

配方：杏仁粉适量，酸奶4小匙。

用法：将事先准备好的杏仁粉倒入面膜碗中，加入4小匙酸奶，用搅拌棒搅拌均匀，然后再用面膜刷将搅拌好的面膜均匀地涂抹于脸部及周围肌肤，静敷15～20分钟后，用温水冲洗干净，再进行日常肌肤保养工作。

（2）杏仁燕麦面膜

原料：燕麦，杏仁粉，柠檬

工具：榨汁机，搅拌棒，面膜碗，面膜刷

配方：燕麦适量，杏仁粉适量，柠檬2片。

用法：将柠檬放入榨汁机内，将榨好的柠檬汁倒入面膜碗中，加入适量的燕麦与杏仁粉，然后用搅拌棒搅拌均匀，最后用面膜刷将搅拌好的面膜均匀地涂抹于脸部及周围肌肤，待静敷10～15分钟后，用温水冲洗干净。

堆积在肌肤表层的角质，会让肌肤略显老态暗哑。因此，诸多爱美的女性都注重角质的去除，经常对自己的肌肤进行彻底的大扫除。她们认为，只要彻底清除了肌肤中的老废角质，就可以加强肌肤的新陈代谢，进而使肌肤变得光滑细腻。然而，去角质却并非如想象得那么简单，必须做到有章可循，过度清除角质层，不仅是在做无用功，而且还会让皮肤越变越糟。

前一段时间，我的朋友青青为了进行角质大扫除，在各大护肤品实体店买了各种去角质的洗面奶、面膜等护肤用品。自从买了这些去角质的护肤用品后，青青就好像着了魔一般，天天在家里开展角质大扫除工作。

青青的男朋友每天下班回家，总能看到自己的女朋友和脸上的角质较劲。还别说，一周下来，青青脸部的肌肤确实变得比以前白皙起来。可是，这份高兴还没有维持多久，青青就出现了新的焦虑。原来，时间长了，青青脸部的肌肤变得比以前更加脆弱，那些护肤用品不仅不能达到去角质白嫩肌肤的效果，反而使皮肤变得更加容易被太阳灼伤。为此，青青十分苦恼，她还特意打电话向我诉苦，说不明白为什么自己如此注意去角质，几乎天天对自己脸上的老废角质进行清扫，却得不到任何美白娇嫩的效果。听了她的话，我笑着摇了摇头，道："这叫过犹不及，任何事情都有一个极限，你每天不间歇地去角质，不但不能达到美白效果，反而会破坏肌肤表层的角质层。脸部角质层被破坏了，肌肤也就缺少了一层保护膜，皮肤就更加容易受到伤害了。""那我应该怎么办？"青青焦急地问道。为了安抚青青焦急的情绪，我给她推荐了两款自己觉得效果还不错的自制面膜。

第一种是杏仁酸奶面膜。将事先准备好的杏仁粉倒入面膜碗中，加入4小匙酸奶，用搅拌棒搅拌均匀，然后再用面膜刷将搅拌好的面膜均匀地涂抹于脸部及周围肌肤，静敷15～20分钟后，用温水冲洗干净，再进行日常肌肤保养工作。

第二种是杏仁燕麦面膜。将柠檬放入榨汁机内，再将榨好的柠檬汁倒入面膜碗中，加入适量的燕麦与杏仁粉，然后用搅拌棒搅拌均匀，最后用面膜刷将搅拌好的面膜均匀地涂抹于脸部及周围肌肤，静敷10～15分钟后，用温水冲洗干净。

听了我的推荐后，青青在电话那头拿笔记了下来。末了，怕青青像以前那样急切，我又补充了一句："这两款面膜不能用得太过频繁，每周1～2次即可。"青青回道："放心，我一定会记得。"说罢，青青挂了电话。

一个月后，青青又打电话来了。这次，她在电话中兴高采烈地告诉我："多亏听了你的建议，我回去之后就没有再用以前的护肤品，而是每周坚持使用一次你推荐的自制面膜。一个月下来，我脸上的肌肤果然恢复了白皙娇嫩，而且还没有破坏角质层，现在出门也不用再担心像以前那样容易被晒伤了。"

第四节
黑芝麻蜂蜜面膜 还你无负担肌肤

（1）黑芝麻酸奶面膜

原料：黑芝麻，酸奶

工具：汤匙，搅拌机，搅拌棒，面膜碗，面膜刷

配方：黑芝麻1把，酸奶2匙

用法：将黑芝麻放入搅拌机内捣碎成细粉状，倒入面膜碗中，再加入2匙酸奶，用搅拌棒搅拌均匀，最后用面膜刷将搅拌好的面膜均匀涂抹于脸部及周围肌肤，静敷8～10分钟后，用温水冲洗干净。

（2）黑芝麻蜂蜜面膜

原料：黑芝麻，蜂蜜，面粉

工具：汤匙，搅拌机，搅拌棒，面膜碗，面膜刷

配方：黑芝麻1把，蜂蜜1匙，面粉适量。

用法：将黑芝麻放入搅拌机内捣碎成细粉状，倒入面膜碗中，再加入1匙蜂蜜与适量面粉，用搅拌棒搅拌均匀，最后用面膜刷将搅拌好的面膜均匀涂抹于脸部及周围肌肤，静敷10～15分钟后，用温水冲洗干净。

随着人体肌肤的新陈代谢，身体里每天都有细胞慢慢走向死亡，这些死亡的细胞堆积在肌肤表层，慢慢便形成了我们所说的表皮。如果不去定期对堆积在肌肤表层的角质进行清扫的话，那么你所想要拥有的白皙光滑的肌肤便只能是梦幻中的“海市蜃楼”。市面上一些去角质的护肤用品的潜在伤害我们已经有所了解，爱美的我们不得不寻求天然去角质用品，来给予肌肤最干净、最无害的呵护。

黑芝麻这一天然圣品，不仅具有极高的药用价值，能够有效解决身体虚弱、贫血枯黄与头发早白等症状，同时还具有极高的美容价值，能够加倍软化老化角质，深层洁净滋润肌肤，恢复肌肤健康光泽。因此，黑芝麻不仅被广泛应用于医药当中，而且在美容领域也受到了大家的一致好评。

前段时间，我的大学朋友晶晶堆积在肌肤表层的角质越来越厚。一段时间下来，晶晶脸部的肌肤不仅变得粗糙无比，还失去了往日的光泽与白皙，整个人也变得消沉起来。爱美之心人皆有之，晶晶也不例外。看到自己的肌肤变得如此憔悴不堪，晶晶心里也十分焦急。为了挽救自己的肌肤，晶晶开始疯狂Shopping，在各大护肤品专卖店买了许多去角质的护肤品回来。

自此，晶晶每天下班后便开始琢磨着怎么使用这些护肤品，以期待用最短的时间恢复自己健康白皙的肌肤。一段时间下来，晶晶使用了大量昂贵的护肤用品，然而去角质的效果却并不理想。为此，晶晶感到十分纳闷，难道是自己选择的护肤品不适合自己的肤质？于是，一到周末，晶晶便跑来我家，拉着我陪她去重新挑选护肤品。我婉转地拒绝了她，但是，我又不想晶晶失望，于是便推荐了两款自用效果还不错的自制面膜给她。

第一种是黑芝麻酸奶面膜。将黑芝麻放入搅拌机内捣碎成细粉末状，然后倒入面膜碗中，再加入2匙酸奶，用搅拌棒搅拌均匀，最后用面膜刷将搅拌好的面膜均匀涂抹于脸部及周围肌肤，静敷8～10分钟后，用温水冲洗干净。

第二种是黑芝麻蜂蜜面膜。将黑芝麻放入搅拌机内捣碎成细粉状，然后倒入面膜碗中，再加入1匙蜂蜜与适量面粉，用搅拌棒搅拌均匀，最后用面膜刷将搅拌好的面膜均匀涂抹于脸部及周围肌肤，静敷10～15分钟后，用温水冲洗干净即可。

晶晶拿笔记下了我所说的话，满面狐疑地问道：“我用了这么多昂贵的护肤品都没见效，你推荐的这两款自制面膜这么廉价，真的会有效果吗？”听了她的话，我回道：“好的东西不在于昂贵还是便宜。我推荐的这两款面膜既简单又便宜，还不会对你的肌肤产生伤害。”自此，晶晶只得答应道：“那好吧，我回去试用一下，到时候有效果的话再和你说。”

一个月后，晶晶打电话过来。她在电话中告诉我，第一次使用我推荐的这两款面膜，脸部肌肤就变得清爽舒适，坚持了一个月后，脸上的肌肤也逐渐恢复了往日的白皙娇嫩。更让她高兴的是，由于并未像往常一样频繁地去角质，因而她没有像以前那样破坏自己的角质层。

第五节
土豆鲜奶面膜 原来也可去角质

（1）土豆鲜奶面膜

原料：土豆，鲜奶，鸡蛋

工具：研磨碗，面膜棒，水果刀，小碗，过滤勺

配方：将土豆洗干净后去皮，放入研磨碗中捣碎，之后放进小碗中，用过滤勺将鸡蛋中的蛋清和蛋黄分离，取出蛋黄放入小碗中与土豆混合均匀，再加入鲜奶，用面膜棒搅拌成糊状，稍微加热，继续搅拌均匀。

用法：清洁面部，将做好的面膜均匀涂抹到脸上，15分钟之后，用温水清洗干净。

（2）熟土豆面膜

原料：土豆，牛奶

工具：研磨棒，小碗

配方：在土豆中加入适量的牛奶，放入锅中煮熟，取出后捣碎成泥，冷却后待用。

用法：清洁面部，将做好的面膜敷在脸上，20～25分钟之后，清洗干净。

土豆在日常生活中是经常见到的食物，似乎一年四季我们都可以在餐桌上见到土豆，但是，土豆可不是仅仅只能作为餐桌上的一道美食，它还有着极佳的护肤效果。

我和朋友伊林，是经同事介绍认识的。她在一家外企工作，因为业绩出色，职位一升再升。伊林的外语不错，也因此经常被派出国出差。大家都知道出国最难熬的就是倒时差，有些人甚至在国外生活一两个月也无法把时差倒过来，伊林就是这样。此外，她出国经常感到水土不服，但是没办法，为了生存，她还是一直坚持着。

不久前，伊林找上了我，一见面我差点儿没认出她来。以前的伊林是个皮肤超好的姑娘，现在却脸色灰暗，黑眼圈问题也极其严重。我连忙问她怎么回事，她这才把自己的情况告诉我，说自己隔三差五就要飞国外，特别不适应，吃的也不好，还总是熬夜，于是就成了这个样子。针对她的情况，我给她推荐了土豆面膜。

第一种：土豆鲜奶面膜。把土豆洗干净去皮，放入研磨碗中捣碎，将鸡蛋里的蛋黄取出加到土豆泥里，然后再加入鲜奶，搅拌成糊状，清洁面部之后，将面膜涂抹在脸部，大概15分钟之后，清洗干净。

第二种：熟土豆面膜。在土豆中加入鲜奶，一起煮熟，取出后捣碎，冷却，清洁面部，把面膜敷在脸上，20～25分钟之后就可以清洗了。

听我说完这两种面膜，伊林觉得有些不可思议。她总觉得土豆是吃的东西，涂抹在脸上怎么会产生美容效

果呢？其实别看土豆其貌不扬，它的美容功效却不能小觑。众所周知，土豆中含量最多的成分就是淀粉，这些淀粉是天然的皮肤安抚剂，能够软化角质、保护角质层，从而锁住水分，令肌肤保持弹性，还能延缓衰老，使皮肤呈现出细致水嫩的状态。除了淀粉之外，土豆还有丰富的维生素B_1、维生素B_2、维生素B_6，泛酸以及一些微量元素和氨基酸，经常吃土豆的人会保持身体健康，而将土豆用于美容的人，也将使皮肤保持健康状态。

像伊林这种情况，本身肤质很好，去角质不需要太过强烈的磨砂类产品，采用温和的土豆面膜去角质以改善皮肤的灰暗最合适不过了。而且，土豆片还可以用去除黑眼圈，方法也很简单，就是将土豆皮刮干净，把土豆切成大概2厘米的厚片，敷在眼睛上，5分钟后用清水清洗。这样一个简便易行的面膜一方面可以消除疲劳，另一方面也可以改善黑眼圈和眼袋难题，让眼部脆弱的皮肤得到充分的休息。

我推荐伊林使用的这两种面膜，均能温和角质层，使角质层软化，使皮肤舒展，从而使整个面部变得光滑水嫩。另外这款面膜还具有延缓衰老的功效。

伊林听了我的介绍，连忙道谢。一个月之后，她就给我来了电话，说自己的皮肤好多了，再坚持一段时间估计就会回到以前的状态了。

另外，关于熟土豆面膜，我还有一个小小的建议，那就是如果你是干性皮肤，可以将熟土豆去皮捣烂，加入一点儿酸奶，搅匀之后涂抹在面部，15分钟之后，再用40℃左右的水清洗，这样就可以让自己的干性皮肤变得柔软而富有弹性。

第六节
洁牙粉面膜 去除角质不在话下

洁牙粉面膜

原料：绿豆粉，洁牙粉，蛋白粉

工具：小汤匙，小碗，面膜棒

配方：将两汤匙的绿豆粉、两汤匙的洁牙粉，以及3汤匙的蛋白粉混合加入小碗中，加入适量的水，充分搅拌均匀。

用法：清洁面部，将做好的面膜均匀涂抹在面部，避开眼部和唇部，15分钟之后，用温水清洗。

女孩子对于草莓鼻都是深恶痛绝的，每个女孩子都害怕自己的鼻子变成草莓鼻，因此，市场上去黑头的产品层出不穷，十分畅销。一般来说，油性肤质的人的黑头问题比较严重，因为他们皮肤分泌旺盛，一些油脂和污垢就堆积在了毛孔里，导致毛孔越来越粗大。而因为害怕毛孔越来越粗大，一些人就经常去角质，清洁皮肤。其实，市面上常见的普通去角质产品对于黑头和毛孔粗大来说是没有效果的。

我姑姑家的小女儿姗姗就遗传了姑姑的油性皮肤，姑姑本身是一个不注重皮肤问题的人，所以姗姗对于这类皮肤问题也就不注意了。可是，班里的女同学渐渐开始笑话她的草莓鼻，让她不得不开始注重自己的皮肤保养。

前段时间我去她家里，发现姗姗的护肤用品还真不少，光去角质的产品就有三瓶。我问她买这么多做什么，她说为了除掉该死的草莓鼻，我就有些不理解了。她给我解释说，污垢在皮肤里面，把角质去掉之后，污垢不就出来了吗？再加上一些收缩毛孔的东西，草莓鼻肯定就消失了。

我立即纠正了她的错误观点。污垢是藏在皮肤里面，但是不仅仅藏在角质层下面，它藏身的地方远比我们想象得还要深得多。针对她的问题，我推荐给她一种洁牙粉做的面膜。

这款自制面膜需要洁牙粉两汤匙、绿豆粉两汤匙、蛋白粉3汤匙，然后将三者混合在一起，加适量的水之后，充分搅拌均匀。清洁面部之后，将做好的面膜均匀涂抹在脸上，要注意避开嘴唇和眼睛。15分钟之后，用温水洗干净。

姗姗有些不解，洁牙粉不是用来美白牙齿的吗？怎么还可以涂抹在脸上呢？没错，洁牙粉的确是用来美白牙齿的，有些人因为吸烟或者喝茶，牙齿上堆积了大量的牙垢，影响了美观和牙齿的健康，而洁牙粉正是针对此种牙垢而研制的，它没有任何激素，能够有效去除牙齿上堆积的污垢。但是，洁牙粉不仅可以用来美白牙齿，它还是一种很好的去角质粉末，如果仅用来去角质的话，可以将洁牙粉加水揉搓毛孔容易阻塞的皮肤，尤其是鼻头的部分可以加大揉搓力度，然后用清水洗干净。

洁牙粉含有类似于碳酸钙的摩擦剂，能够深入皮肤，进行毛孔的深层清洁，让粉刺等物质顺利排出，从而使毛孔缩小。除此之外，洁牙粉中添加了清凉薄荷的成分，这种成分具有杀菌的作用，对皮肤的暗疮也有一定的效果。

听了我的解释，姗姗连连点头。后来听姑姑说，姗姗第二天就非要买洁牙粉做面膜。经过一段时间的使用，角质不见了，毛孔也小了，草莓鼻也在渐渐改善，姗姗不禁得意起来。

其实，去角质和收缩毛孔应该是我们日常生活中经常注意的方面，不要因为没有遇见这类问题就忽略掉。皮肤问题是和年龄有关系的，肌肤的弹性胶原纤维会因为年龄的增长而逐渐松弛，弹性下降，毛孔也会自然而然地变大，角质也是如此，这就是为什么年轻人的皮肤总是很容易保养好，而年纪越大，皮肤就越难控制。所以，我们应该从现在开始关注自己的角质问题和毛孔问题。

第七节
粗盐酸奶面膜 老废角质去光光

（1）粗盐杏仁面膜

原料：粗盐，杏仁粉，水

工具：小汤匙，小碗，面膜棒，面膜刷

配方：取4汤匙的杏仁粉，加入适量的水，逐渐搅拌，调成糊状后加入两汤匙的粗盐，将二者充分搅拌均匀。

用法：清洁面部，用面膜刷蘸取适量面膜，均匀地涂抹在脸上，约20分钟之后洗干净。

（2）粗盐酸奶面膜

原料：粗盐，酸奶

工具：小碗，汤匙，化妆棉

配方：取两汤匙的粗盐放入小碗中，再加入4汤匙的酸奶，充分搅拌调匀。

用法：清洁面部，用化妆棉蘸取面膜均匀涂抹在面部，应避开眼睛和嘴唇，约15分钟之后洗干净。

角质，似乎是每个女孩子都厌恶的东西。角质其实是人体皮肤的天然屏障，可以保护皮肤，使之免受外界的伤害，但是角质老化之后，就会呈现出肌肤的衰老，让皮肤看上去很粗糙，摸上去也是硬硬的。总之，老化角质只要存在，肌肤就不会呈现出良好的滑嫩的感觉；上妆前，厚厚的角质总会让化妆品难以维持，就算是上妆成功，效果也不好，而且会轻易形成掉妆。因此，去角质的产品几乎成了每个女孩子必备的物品。

前段时间，我朋友聪慧跑来找我，问我什么样的去角质产品比较好。她虽然一直在使用去角质的产品，可是不知道是怎么回事，最近发现那些去角质产品似乎没有效果了，用什么牌子的产品都见不到疗效，她于是找到了我。我观察了一下她的脸，发现上面的确是有厚厚的角质层，让她整个人显得苍老许多。她还向我诉苦说每天都要擦上厚厚的粉底，而且一整天不知道要补多少次妆，别提多麻烦了。

于是我推荐给她两种面膜。

第一种：粗盐杏仁面膜。将4汤匙杏仁粉放入碗中，加入少量的水，调成糊状之后，再加入两汤匙粗盐，充分搅拌均匀，清洁面部之后，用面膜刷蘸取适量面膜均匀涂抹在脸上，20分钟左右清洗。

这款面膜的量一般来说一次是用不完的，剩下的面膜不要扔掉，可以放在密封的玻璃容器中，放入冰箱冷藏，下次还可以继续使用。杏仁粉在市场上买已经研磨好的就可以，如果觉得市场上卖的不是纯天然的杏仁粉，也可以自己将杏仁去皮后研磨成粉使用。

第二种：粗盐酸奶面膜。将粗盐和酸奶以1:2的比例加入到碗中，充分搅拌调匀，清洁面部之后，用化妆棉蘸取适量面膜均匀涂抹在脸上，避开嘴巴和眼睛等敏感部位，15分钟之后清洗。

这两款面膜每周敷一次即可，因为盐具有杀菌消炎的作用，所以在第一次做这种面膜时，脸部会觉得有一点儿疼，这是正常现象，不要担心。这种面膜适用于任何一种肤质，如果是敏感肌肤，需要在做面膜之前在耳背或者手背上做实验之后再使用，以免发生过敏现象。

粗盐值不了几个钱，还很有效果。她谢过我之后就回家开始尝试了。没想到一星期后，她就给我打电话，说自己用了这两种面膜，效果特别好，把角质都清干净了，比市场上卖的产品都有效。我让她继续坚持使用，因为这两种面膜不仅是对去角质有效果，长期使用还可以使肌肤光洁水嫩，改善皮肤的暗哑状态。

市场上卖的去角质产品因为去除了过多的角质，从而让肌肤失去了天然的保护层，使肌肤变得脆弱；去角质产品因为添加了过多的化学物质，会让肌肤产生炎症或其它问题，因而不如纯天然的面膜，既有效又省钱。

其实，市场上卖的浴盐等产品都具有磨砂作用，也具备祛除皮肤的老化角质的功效，而粗盐同样具备磨砂作用，能去除皮肤老废细胞，再搭配上含有丰富维生素A的杏仁，不仅能够去角质，还能滋润面部，使皮肤光滑水嫩，改善肌肤的暗哑现象。而搭配酸奶的粗盐面膜，除了去除皮肤的老废细胞和黑头，还能改变粗大的肌肤毛孔，使肌肤变得紧致细腻富有弹性。做完去角质面膜之后，要记得使用保湿的乳液或是其它护肤品，这样有利于皮肤对营养物质的吸收，让肌肤水水嫩嫩。

第八节
大蒜绿豆面膜 去除角质毫不手软

（1）大蒜绿豆面膜

原料： 大蒜10克，绿豆粉10克，矿泉水100毫升

工具： 微波炉，搅拌机，面膜布，小碗

配方： 1. 把大蒜去皮后洗干净，放入微波炉中用中小火加热两分钟，去味。

2. 将熟大蒜放入搅拌机中，加入100毫升的矿泉水，打碎之后过滤出汁液。

3. 将面膜布泡入大蒜汁里。

4. 拿出一个小碗，放入绿豆粉，加入剩下的大蒜汁搅拌成糊状。

用法： 将绿豆糊均匀地涂在面膜布上后贴在脸上敷10～15分钟后取下，用清水洗干净。

（2）大蒜面粉面膜

原料： 大蒜3瓣，面粉3大勺，纯净水100毫升

工具： 微波炉，小碗，勺子

配方： 1. 把大蒜去皮后洗干净，放入微波炉中用中小火加热两分钟，去味。

2. 将熟大蒜捣成泥状备用。

3. 将大蒜泥、面粉和纯净水混合搅拌均匀。

用法：洁面后用热毛巾敷脸10分钟，将面膜均匀地敷在脸上，15分钟后洗干净，每周1~2次。

我最近搬了家，邻居李姐，40岁出头，为人很热情，看我刚刚搬来，就常常来看我，给我送点吃的，讲讲小区里的新鲜事。渐渐地，我知道了李姐在一家公司做会计，老公对她很好，小孩读书也很用功，他们一家很幸福。李姐也很注重保养，看起来像30多岁，因为她喜欢尝试不同的美容方式。

有次李姐约我一起去逛超市，当我们转到蔬菜区的时候，李姐指着一堆雪白的大蒜对我说："最近洗脸的时候感觉脸上角质有点多，抹护肤品的时候感觉不太容易吸收。用那些除角质的化妆品又老是担心伤皮肤。要是有什么纯天然的植物可以拿来做面膜就好了。你看这大蒜，能杀菌消炎，还能抗癌，要是能用这种常见又有益处的东西做面膜，岂不是特别好？"我听了微微一笑："李姐，你今天可算是找对人了。我今天就给你推荐两种用大蒜做面膜的好方法，彻底清洁你的皮肤，还能祛除你脸上的角质。"

李姐是美容达人，听到我说用大蒜做面膜，还能净肤去角质，就十分有兴致。我给李姐推荐的面膜是大蒜绿豆面膜和大蒜面粉面膜，其中最主要的成分就是大蒜。因为大蒜含有丰富的维生素B1、维生素B2和维生素C，可以保持皮肤健美、增强血管弹性、抑制黑色素的生产和色素的沉淀，去色斑。如果用大蒜做面膜来敷脸，能够促进皮肤血液循环、软化皮肤，同时能去除皮肤老化的角质层。由于大蒜还有杀菌消炎的作用，用大蒜敷面膜还可以彻底清洁皮肤，治疗皮肤暗疮、青春痘等症状。李姐的皮肤由于年龄的原因，需要祛除比较厚的角质层，而且她脸上又有一点色斑，所以用大蒜来敷面膜是最好不过的选择了。

第一种是大蒜绿豆面膜。取大蒜10克、绿豆粉10克、矿泉水100毫升，把大蒜去皮后洗干净，放入微波炉中用中小火加热两分钟，去味。然后将熟大蒜放入搅拌机中，加入100毫升的矿泉水，打碎之后过滤出汁液。将面膜布泡入准备好的大蒜汁里。接下来，拿出一个小碗，放入绿豆粉，加入剩下的大蒜汁搅拌成糊状后，将绿豆糊均匀地涂在面膜布上后敷在脸上。敷15分钟后用清水洗净。

第二种是大蒜面粉面膜。取大蒜3瓣、面粉3大勺、纯净水100毫升，把大蒜去皮后洗干净，放入微波炉中用中小火加热两分钟，去味，将熟大蒜捣成泥状。然后将大蒜泥、面粉和纯净水混合搅拌均匀。把搅拌均匀的面膜糊敷在脸上15分钟后洗干净。这两款面膜都是每个星期坚持1～2次即可，长期坚持能促进皮肤新陈代谢，祛除面部角质和暗斑，使面部皮肤柔软光洁、无瑕疵。

李姐听了我介绍的方法，感觉很新奇，就问我：“我家的小孩最近脸上出了很多青春痘，是不是也可以用这种方法治疗？”我说：“是的，这大蒜面膜也能杀菌净肤，治疗青春痘效果是非常好的，而且还能治疗青春痘留下的暗斑。”除此之外，我还推荐李姐一家每天可以少量食用一些大蒜，长期坚持食用能给身体杀菌消炎、预防癌症、抗衰老、降血压、预防心脑血管疾病，还能益智健脑、增强人的免疫功能。

李姐回家专门尝试了我介绍的DIY面膜方法，每周敷两次。其实两次之后李姐已经感觉脸上的死皮和角质少了很多，皮肤也干净柔软了很多，连毛孔里都透着舒服。后来李姐就一直坚持敷大蒜面膜和食用大蒜，人自然更漂亮啦。

第八章

祛斑DIY
塑造蛋白肌，不做斑美人

第一节 红酒蛋清面膜 斑点不再来

（1）红酒蜂蜜珍珠粉面膜

原料：红酒50～80毫升，蜂蜜适量，珍珠粉少许，薰衣草精油若干滴

工具：玻璃杯，面膜碗，面膜纸

配方：1. 将红酒倒入干净的玻璃杯中，放入不断沸腾的水中浸泡20分钟左右，使红酒中的酒精适当地蒸发掉。

2. 待红酒冷却后，加入准备好的蜂蜜和珍珠粉，再滴入几滴的薰衣草精油，搅拌均匀后待用。

3. 将面膜纸泡入准备好的面膜液里，待面膜纸吸饱水后取出。

用法：做好洁面工作后，将准备好的面膜敷在脸上，在脸上敷20分钟左右揭下。然后用清水洗净，再涂一些常用的面霜。

（2）红酒蛋清面膜

原料：红酒30毫升，米粉50克，鸡蛋1个

工具：面膜碗，搅拌棒

配方：1. 将鸡蛋去黄留蛋清备用。

2. 将30毫升红酒和蛋清一起加入50克米粉中，一起用搅拌棒搅匀，

注意不要使鸡蛋起太多泡沫。

用法：在面膜刚刚搅拌均匀的时候迅速敷在脸上，20分钟后用清水洗净。

我的朋友娜娜是一家外企人力资源部的总监，由于经常要和各种各样的人打交道，所以她非常注意自己的形象，天天打扮得光鲜亮丽地去上班。她和她老公的生活都非常小资，家里储备了各种各样的红酒。娜娜也很注重身体的健康，每天会适量的饮用一些红酒，活活血气。

有天娜娜就邀请我到她家里去玩。娜娜为了迎接我，专门开了一瓶很好的红酒，我们两个一起享用。娜娜指着打开的红酒对我说："我老公最近老出差，我太忙，很多时候打开了的红酒都没能及时喝，会影响红酒的品质，多浪费啊。我最近身体不太好，脸上长了点斑，气色也不如之前了，快急死人了。听说红酒可以拿来做面膜，你是美容达人，快给我推荐几个用红酒做面膜的方法吧！最好是能有效淡斑的那种。"

朋友开口，我自然会尽力而为。由于娜娜家的红酒品质都比较好，很适合用来调制面膜。我就给她推荐了两种以红酒为只要成分的面膜。

第一种是红酒蜂蜜珍珠粉面膜。取红酒50～80毫升、适量蜂蜜、少许珍珠粉和若干滴薰衣草精油，将红酒倒入干净的玻璃杯中，放入不断沸腾的水中浸泡20分钟左右，使红酒中的酒精适当地蒸发掉。待红酒冷却后，加入准备好的蜂蜜和珍珠粉、再滴入几滴的薰衣草精油，搅拌均匀后备用，将面膜纸泡入准备好的面膜液里，待面膜纸吸饱水后方可敷在脸上。

第二种是红酒蛋清面膜。取红酒30毫升、米粉50克、鸡蛋1个，首先将鸡蛋去黄留蛋清，然后将30毫升红酒和蛋清一起加入50克米粉中，用搅拌棒搅匀，注意不要使鸡蛋起太多泡沫。在面膜刚刚搅拌均匀的时候，迅速敷在脸上，20

分钟后用清水洗干净。

我之所以让娜娜用红酒敷面膜，是因为红酒具有天然红色色泽的葡萄中含有丰富的抗氧化多酚，能够增强肌肤抵抗力、促进肌肤血液循环，使肌肤白皙又红润。用葡萄酿造的红酒来做面膜，可以起到抗氧化的作用，还能预防肌肤老化，使肌肤保持年轻的状态，同时使肌肤白皙，紧致有光泽。如果坚持使用红酒蛋清面膜，还能使脸上的色素沉积消褪、祛除色斑。

娜娜听到红酒面膜可以保湿补水、去色斑，还能使面部皮肤白皙红润、气色好，就当场试验了起来。20分钟过后，她果然觉得皮肤滋润了很多，面部好像也变白了，于是决心坚持每个星期做3次这样的红酒面膜。

一个月之后，娜娜兴奋地打电话给我："我脸上的斑真的淡了很多，皮肤也水嫩白皙了不少呢！老公说我的脸蛋也变得红扑扑的，就像刚认识我的时候那样！我这次真得多谢你给我推荐了这么好的面膜。"我说："嗯，其实你的习惯很好，配合着红酒面膜，适当地饮用红酒，可以美容抗衰老，还能活血化瘀、防止便秘。"娜娜已经坚持使用红酒面膜很长时间了，周围的人都说她变得越来越漂亮了。

第二节
薰衣草精油香氛面膜 美人祛斑的不二法宝

（1）薰衣草绿豆鸡蛋面膜

原料：薰衣草精油2滴，绿豆粉2小匙，生鸡蛋1个

工具：面膜碗，搅拌棒，面膜刷

配方：1、将生鸡蛋去蛋黄取，蛋清留用。

2、将2滴薰衣草精油，2小匙绿豆粉和蛋清同时放入面膜碗中搅拌均匀，调成糊状。

用法：做好洁面工作后，将调好的面膜糊敷在脸上，约15分钟后用清水洗干净。

（2）薰衣草精油香氛面膜

原料：薰衣草精油2滴，柠檬精油1滴，杜松精油1滴，柏树精油1滴，乳香精油1滴，矿泉水200毫升

工具：面膜碗，面膜纸

配方：1、将薰衣草精油2滴、柠檬精油1滴、杜松精油1滴、柏树精油1滴、乳香精油1滴滴入矿泉水中，搅拌均匀。

2、将面膜纸在调好的精油香氛里浸泡至完全吸收。

用法：做好洁面工作后，将浸泡好的面膜纸敷在脸上，15分钟后取下，用手指轻拍至完全吸收。

安安是一个很小资的白领，一有时间便拿着相机去各地旅游，看不同的人，体验不同的生活。这次她去法国的普罗旺斯走了一圈，看到美丽的薰衣草田，带回来一大堆漂亮的照片、一瓶薰衣草精油和满脸的斑。安安是个很漂亮的女生，看到自己长了一脸的斑苦恼不已。

我是在一次聚会上认识安安的，后来她得知我对于这一方面颇有研究，就急着向我请教，问怎样敷面膜才能祛除她脸上晒出来的斑点。我听了她的话，微微一笑："其实你手里现在就有一样能帮助你的东西啊。"她很疑惑。我就告诉她，用薰衣草精油来调制特殊面膜，能够起到补水淡斑的作用。之所以给她推荐薰衣草精油，是因为薰衣草精油能够促进皮肤细胞的再生，还能改善面部的粉刺、脓肿、湿疹等问题，对晒伤和晒伤后的色斑的治疗有奇效，还能补水保湿，呵护女性的肌肤。安安因为晒伤而起了一脸斑，皮肤又有点干，那么使用薰衣草精油来做面膜最好不过了。

第一种是薰衣草绿豆鸡蛋面膜。取薰衣草精油2滴、绿豆粉2小匙、生鸡蛋1个，将鸡蛋去黄取蛋清留用，将2滴薰衣草精油、2小匙绿豆粉和蛋清同时放入面膜碗中搅拌均匀，调成糊状。然后将面膜糊敷在脸上，15分钟后洗掉。

第二种是薰衣草精油香氛面膜。取薰衣草精油2滴、柠檬精油1滴、杜松精油1滴、柏树精油1滴、乳香精油1滴、矿泉水200毫升，将它们混合在一起搅拌均匀，然后将面膜纸在配好的精油香氛里浸泡至完全吸收。做好洁面工作后，将浸泡好的面膜纸敷在脸上，15分钟后取下，用手指轻拍至完全吸收。薰衣草精油还有清新的气味，用来做面膜，心情自然会很好。

安安说道："原来薰衣草精油有这么神奇的效果啊！那我在做面膜的时候，

怎样才能达到最好的效果呢？”我跟她说：“既然你晒伤了，那么应该在晒伤之前做好防晒工作，你可以在120毫升的水中加入10滴薰衣草精油，装入塑料喷瓶中随身带着，如果感到皮肤被晒伤了，就可以喷在晒伤处。你还可以在做面膜的时候，泡一个薰衣草精油浴，即先把5滴薰衣草精油调入一小杯蜂蜜中，加入泡澡用的热水，再泡澡。这样能使你神清气爽，加速血液循环，从而达到补水淡斑的效果。”

安安照我说的方法，用薰衣草精油调制面膜后敷脸，一两次之后就感到脸上的皮肤很滋润，很水嫩，坚持使用了一段时间后，就感觉自己脸上的斑淡了很多。她很开心，每天在用薰衣草精油泡澡的时候都忍不住做一个薰衣草香氛精油面膜，调理自己的皮肤和身心。她说她不仅爱上了法国普罗旺斯的薰衣草田，也爱上了薰衣草精油。

第三节
核桃蜂蜜冬瓜面膜 无斑更可爱

（1）杏仁蛋清面膜

原料： 杏仁5钱，生鸡蛋1个，维生素E胶囊1粒

工具： 料理机1台，小碗1个

配方： 1. 将5钱杏仁用料理机细细地打成粉末；把生鸡蛋去黄取蛋清留用。

2. 将维生素E挤入蛋清中，再将杏仁粉放入蛋清中调匀。

用法： 每晚临睡前将调好的面膜敷在脸上，次日清晨用温水洗干净，每天1次。

（2）核桃蜂蜜冬瓜面膜

原料： 核桃仁20克，蜂蜜10克，冬瓜100克

工具： 榨汁机1台，小刀1把，小碗1个

配方： 1. 将核桃仁放入榨汁机中打成粉备用。

2. 将洗干净的冬瓜去皮切成块状，放入榨汁机里打成泥备用。

3. 将准备好的核桃粉、冬瓜泥、蜂蜜放入小碗中搅拌均匀后。

用法： 做好洁面工作后，将调好的面膜敷在脸上，20分钟后用清水洗干净。

媛媛是一位音乐学院的老师，教学生弹奏钢琴。一次偶然的机会，我成为了她的朋友。

那天我在她家做客，她端出来美国大杏仁、核桃仁等坚果招待我吃。正当吃着聊着特别开心的时候，我突然发现媛媛白净丰满的脸上多出来了一些色斑。刚一问她，她哭丧着脸说："也不知道怎么了，最近脸上老起斑，去美容院做美容、用各种化妆品，都是刚用的时候有点效果，稍一停就又反复了。我怕伤害皮肤，想找点纯天然的东西来做面膜祛斑，但是就是不知道用什么好。"我听了就说："没关系，我给你推荐两款面膜，保你用了之后效果好，而且这两样东西你家都有。"媛媛好奇地问："是什么呢？我可不是美容达人，家里没有那么多样的面膜的。"

我给媛媛推荐的两样"法宝"就是杏仁和核桃，这些东西很普通，在超市里都能买到。之所以推荐媛媛用杏仁粉来做面膜，是因为全脂杏仁粉里含有49%的杏仁油和天然维生素E，用来保养皮肤的话可以淡化色斑，使皮肤白嫩滋润。核桃里含有多种微量元素和丰富的维生素B、维生素E，用它做面膜可以防止面部细胞老化，美白皮肤，淡化色斑。

第一种是杏仁蛋清面膜。取杏仁5钱、生鸡蛋1个、维生素胶囊1粒，将5钱杏仁用料理机细细地打成粉末；把生鸡蛋去除蛋黄取蛋清留用。然后将维生素E挤入蛋清中，再将杏仁粉放入蛋清中调匀。每晚临睡前将调好的面膜敷在脸上，次日清晨用温水洗干净，每天1次。坚持10～15天即可见效。

第二种是核桃蜂蜜冬瓜面膜。取核桃仁20克、蜂蜜10克、冬瓜100克，将核桃仁放入榨汁机中打成粉备用，将洗干净的冬瓜去皮切成块状，放入榨汁机里打成泥备用。然后将准备好的核桃粉、冬瓜泥、蜂蜜放入小碗中搅拌均匀。做好洁面工作后，将调好的面膜敷在脸上，20分钟后用清水洗干净。此面膜坚持一个星期即可有效。

媛媛听到我给推荐的面膜方便又有效，特别开心，就问我："既然核桃和杏仁有这么丰富的营养，那是不是经常吃对身体也有好处呢？"我说："是的。常吃杏仁可以镇咳化痰、强健肺部和气管的功能，特别适宜常抽烟的人食用。杏仁含有的维生素B17有抗癌作用，还可以增强抗过敏能力。常吃杏仁还可以美容养颜、滋润皮肤。核桃则含有丰富的脂肪、蛋白质、矿物质和维生素，营养价值高，能够防止细胞老化，还能增强记忆力。经常食用能润肌肤乌头发。"

第四节
胡萝卜番茄面膜 祛斑有奇效

（1）胡萝卜番茄面膜

原料：胡萝卜1根，番茄1个，蜂蜜适量，珍珠粉适量

工具：榨汁机1台，小碗1个，搅拌棒

配方：1. 将胡萝卜和番茄洗净后榨汁备用。

2. 将适量的蜂蜜和珍珠粉加入胡萝卜番茄汁里，调和均匀后即可。

用法：做好洁面工作后，将调好的汁液涂在脸部，20分钟后用清水洗干净。

（2）丝瓜蛋清面膜

原料：丝瓜1条，生鸡蛋1个，面粉适量

工具：榨汁机1台，小碗1个，搅拌棒

配方：1. 将丝瓜洗净去皮切丁，榨汁后备用。

2. 将生鸡蛋去除蛋黄，留蛋清备用。

3. 将鸡蛋清和面粉加入丝瓜汁里调和均匀。

用法：做好洁面工作后，将面膜糊敷在脸上，20分钟后洗干净。

前一阵子，打扫卫生的阿姨跟我闲聊，说她有个姐妹在菜市场卖菜，但最近不知道怎么了，脸上起了一脸的斑，俨然一副麻子脸。她问我有没有比较经济有效的面膜可以治疗她脸上起的斑点。

我说："当然有啦，就用你好朋友所卖的东西就可以。"阿姨忙问："用蔬菜吗？真的这么有效？你赶紧给我说说，我告诉她。"我就向阿姨推荐了胡萝卜番茄面膜和丝瓜蛋清面膜。

第一种：胡萝卜番茄面膜。取1根胡萝卜、1个番茄、适量蜂蜜和适量珍珠粉，将胡萝卜和番茄洗净后榨汁备用，然后将适量的蜂蜜和珍珠粉加入胡萝卜番茄汁里，调和均匀后敷在脸上，20分钟后洗干净。

第二种：丝瓜蛋清面膜。取丝瓜1条、生鸡蛋1个、面粉适量，将丝瓜洗净去皮切丁，榨汁后备用；将生鸡蛋去黄留蛋清备用。然后将鸡蛋清和面粉加入丝瓜汁里调和均匀。用调和好的面膜糊敷脸，20分钟后洗干净即可。

之所以给阿姨推荐胡萝卜、番茄、丝瓜这几种蔬菜，是因为胡萝卜中所含的β胡萝卜素和丰富的维生素E，有抗氧化和美白肌肤的功效，还可以清除肌肤多余的角质，使肌肤柔嫩；而番茄中含有丰富的维生素C，每100克番茄鲜果中一般含有20～30毫克的维生素C，所以用它来做面膜可以美白肌肤、淡化色斑；丝瓜含有多种维生素，漂白效果比较好，如果长期使用丝瓜来做面膜的话，能使皮肤细腻洁白，同时丝瓜还能强力补水，使皮肤水嫩有弹性。

我推荐的蔬菜面膜，材料便宜又好用，阿姨很高兴，又向我问道："这三种蔬菜这么常见，却有着神奇的功效，真是想不到。要是多吃这些蔬菜也会对身体很好了？"我告诉她，胡萝卜营养均衡，含有丰富的维生素A，具有益肝明目、增强人体的免疫功能、降血糖降血脂等功效，不过胡萝卜素属于脂溶性物质，只有在油脂中才能被很好地吸收，所以胡萝卜最好用油类烹调后食用。而番茄含有丰富的维生素C，经常食用可以美白肌肤，使肌肤焕发光彩。丝瓜营养价值很高，味甘性平，可以解毒凉血、通经益血、润肤美容，常吃丝瓜可以排除湿毒、美白肌肤。

阿姨在跟我聊过天之后，立马将这两个方法告诉了她的姐妹。据后来阿姨跟我转述说，她的好朋友第一次做丝瓜蛋清面膜的时候觉得脸水水的，平时因为一直风吹日晒而粗糙的皮肤感觉舒服了好多。于是她只要有空就会敷个胡萝卜番茄面膜或者丝瓜蛋清面膜。半个月之后，脸上的斑真的淡了好多。阿姨说她的好朋友平时也会多吃一些胡萝卜、番茄和丝瓜，因为这些蔬菜既便宜又有营养。

第五节
蛋清杏仁面膜 重塑蛋白肌

（1）蛋清杏仁面膜

原料： 生鸡蛋1个，杏仁15克，蜂蜜适量，珍珠粉适量

工具： 小碗2个，搅拌棒

配方： 1. 将生鸡蛋去黄取蛋清留用。

2. 将杏仁放入开水中浸泡，然后去皮捣成泥。

3. 将蛋清、杏仁泥、适量的蜂蜜和适量的珍珠粉放入小碗中，用搅拌棒搅拌均匀。

用法： 做好洁面工作后，将调制好的面膜敷在脸上，20分钟后洗干净。

（2）蛋清苦瓜面膜

原料： 生鸡蛋1个，小苦瓜1根，珍珠粉适量

工具： 榨汁机1台，面膜碗1个，搅拌棒，面膜纸

配方： 1. 将苦瓜洗干净后去皮去籽切丁，放入榨汁机榨出汁液。

2. 将生鸡蛋去黄取蛋清留用。

3. 将苦瓜汁、蛋清和珍珠粉混合在一起，搅拌均匀。

4. 将面膜纸泡入调好的面膜汁中，充分浸泡。

用法：做好洁面工作后，将充分浸泡过的面膜纸敷在脸上，15分钟后揭掉，用清水洗干净。

我有个朋友叫曼曼，在一家公司里做财务，属于青春有钱有闲的小白领。她是属于皮肤底子特别好的那种人，皮肤洁白细腻有光泽，身材凹凸有致，就像她的名字一样曼妙可人。曼曼平时也很注重保养。

曼曼一直都这么美丽其实也有我的功劳。那是因为之前她问我有没有比较好的方法可以保持皮肤的水润柔滑，我就给她推荐了2款面膜，材料很普通平常、价钱也低，最重要的是因为材料都是纯天然的，所以可以放心大胆地长期使用，而不用担心伤害到娇嫩的肌肤。

第一种是蛋清杏仁面膜。取生鸡蛋1个、杏仁15克、蜂蜜适量、珍珠粉适量，将生鸡蛋去黄取蛋清留用；将杏仁放入开水中浸泡，然后去皮捣成泥。然后将蛋清、杏仁泥、适量的蜂蜜和适量的珍珠粉放入小碗中，用搅拌棒搅拌均匀。将调好的面膜敷在脸上，20分钟后用清水洗掉。

第二种是蛋清苦瓜面膜。取生鸡蛋1个、小苦瓜1根、珍珠粉适量，将苦瓜洗干净后去皮去籽切丁，放入榨汁机榨出汁液后备用；将生鸡蛋去黄取蛋清留用。然后将苦瓜汁、蛋清和珍珠粉混合在一起，搅拌均匀。将面膜纸泡入调好的面膜汁中，充分浸泡后敷在脸上15分钟后揭掉，用清水洗干净。

我推荐的这两款面膜之所以都主打蛋清，是因为蛋清含有丰富的B族维生素，用蛋清敷脸可以收缩毛孔，让肌肤更紧致干净，能够平衡肌肤的水油含量，坚持使用蛋清敷脸，可以使面部皮肤紧致有弹性，柔嫩如新生婴儿一般。而杏仁有着滋养皮肤的功效，所以可以搭配蛋清来使用。苦瓜富含维生素C、苦瓜素、苦瓜苷等营养成分，具有极佳的滋润美白功效，可有效对抗黑色素，防止色斑生成，所以想要使肌肤保持婴儿般的柔嫩，以蛋清为主要成分的面膜

必不可少。

不过蛋清不能直接用来敷脸，这会很干，蛋清敷脸需要配合珍珠粉、蜂蜜、西红柿、黄瓜泥来使用，干性皮肤也可以加入蛋黄来敷脸。另外，敷蛋清面膜时间不宜过长，最好在敷过面膜、清洗干净之后配合柔肤水使用，效果会更好。

这种面膜第一次使用后就会觉得皮肤柔柔滑滑，滋润了不少，皮肤也会感觉轻松不少。由于蛋清苦瓜面膜可以排除面部毒素，蛋清杏仁面膜滋养面部皮肤的能力很强，所以这两种面膜搭配使用，每个星期交替各敷2次效果最好。

常言道："没有丑女人，只有懒女人。"希望各位姐妹能够坚持做面膜的功课，保持婴儿般的娇嫩皮肤。

第六节
红糖红茶面膜 横扫敌军不费力

（1）红糖红茶面膜

原料：红糖150克，红茶100克，面粉适量，纯水适量

工具：小锅，小碗，面膜刷

配方：将红茶和红糖放入小锅中加水煎煮，煮开后盛入小碗，加入适量面粉混合调匀至糊状。

用法：待面膜稍凉后，敷在脸上，15分钟后清洗掉。

（2）红糖纯水面膜

原料：红糖300克，矿泉水200毫升，面粉少许

工具：小锅一个、小碗一个、面膜刷

配方：将红糖放入小锅，加入矿泉水和面粉以文火加热，直至煮成黑色黏稠的糖胶状，关火盛出。

用法：待糖胶冷却后，用小刷子将其均匀地、厚厚地涂在洗净的脸上，敷5～10分钟，然后用清水将脸洗净。

国庆后的第一天，点点去公司，同事就发现点点原本白白净净的脸上，不知

何时居然被星星点点的黄褐色的斑点给占领了。斑点零星地长在脸颊的颧骨上，俨然划分为两大阵营，乍一看点点还真像个小花猫！而且点点的肤色也比原来黄了许多。点点不知道自己长的是什么斑，更不知道该如何祛斑，再说市面上祛斑产品的价格，对于刚刚迈入职场的点点来说，那可不是一般的贵啊！

这可怎么办？点点马上想到了我，便在休息时间向我诉说了这一难题。我仔细看了看点点，笑道："你呀，这是晒斑。""晒斑？怎么会呢？我大学军训时那么晒也没见长斑呀，怎么现在居然长斑了？"我告诉点点，二十几岁的女人不同于十八岁的小女孩，女人过了二十就得开始保养了，不能再这样素面朝天，连个防晒、隔离也不擦。夏天的紫外线可是非常强烈的，白领女性的工作每天都得对着电脑，受到电脑辐射也是会长斑的。

点点这才恍然大悟，原来是这么回事呀。"可是这长都长了，应该怎么祛斑呀？"我神秘地笑了笑："紧张啥？姐姐可有独门秘方推荐给你，便宜又好用，包你短时间内就能白白嫩嫩！"点点一听，乐了，撒娇道："我的好姐姐，咱这小脸可就靠你了呀！"

我推荐给她的是红糖面膜。

第一种是红糖红茶面膜。将150克的红糖和100克的红茶一起入锅煎煮好盛出，然后加入适量面粉调和至糊状，再将面膜敷在脸上，特别是在长斑的两颊处厚厚地涂上一层，过15分钟洗去。

另一种是红糖纯水面膜。将300克红糖放入小锅，加入200毫升矿泉水和少许面粉以文火加热，熬至黑色黏稠的糖胶状，关火盛出，待糖胶冷却后，用小刷子将面膜涂在脸上，敷上5～10分钟，然后同样用清水洗净。这两款面膜都是一周做2～3次就可以了。

"别小看这红糖，喝红糖水可以补血养生，在生理期时饮用还能舒缓不适，用作面膜更是可以美容养颜、祛斑美白呢！"我继续说道，"我以前也曾被这些斑点困恼过，后来是我们家认识的一个老中医给推荐了红糖，并且告诉我红糖有抗氧化、抗衰老、促进新陈代谢的作用，可以帮助减少皮肤黑色素的生成，修复受损细胞。我尝试后，发现效果别提多好了！”

点点一边听，一边认真记录，甭提有多崇拜我了。听完，点点问道：“姐，我有痛经的毛病，是不是也能煮红糖水来喝呀？”“那是当然啦！”我点点头，“红糖可以养生，你可以先试试红糖红茶面膜，在做面膜的时候多煮些红糖红茶水，一部分与面粉调和做面膜，一部分直接饮用，这样对改善体质也是很有帮助的。”

点点听从了我的建议，每周做三次的红糖红茶面膜，并且饮用红糖红茶水。坚持了一个月，点点惊喜地发现斑点的颜色变淡了，面积也变小了。经期的不适也缓解了许多。三个月后，点点脸上的斑点就已经没有了，皮肤变得更加白净光滑，气色也红润了许多，痛经也少有发生了，体质也增强了。

第七节
甜酒面膜 白白嫩嫩没有斑

（1）醪糟面膜

原料：醪糟，温水

工具：面膜棒，小碗

配方：将醪糟放在小碗中加入适量的温水，进行搅拌，不要太稀，黏稠得可以粘在脸上就可以。

用法：清洁面部，将调好的酒糟面膜涂抹在脸上，约8分钟后用温水洗干净。

（2）甜酒面膜

原料：甜酒酿出的大米

工具：研磨碗，勺子，小碗

配方：取一到两勺甜酒中的大米，放入研磨碗中，将其细心地研碎，可加入适量的清水，等到其黏稠，可以粘在脸上时就可以了。

用法：清洁面部，将做好的甜酒酿面膜敷在脸上，15～20分钟之后，用温水清洗干净。

一张皮肤细腻，没有粉刺也没有痘痘的脸就是完美的脸吗？当然不是，脸上的斑也是女人的天敌，斑的产生主要是因为色素的沉积。有很多原因都可以导致脸部色素沉积，比如说电脑辐射，营养不良或者面部清洗不干净。

许多人以为只有步入老年才会长斑，在以前的确是这样，老年身体中各种酶的活性下降，无法将体内的色素完全分解，所以就导致了面部堆积色素，也就是我们常说的老年斑。可是现在不一样了，电脑辐射已经成为皮肤的杀手之一，它能够使色素沉积，这就是很多年轻人脸上也开始出现大大小小的斑点的原因。

我的朋友晓梅就遇到过这种情况。晓梅的皮肤遗传自妈妈，非常光滑细腻，她从小到大就没有因为粉刺痘痘等皮肤问题发愁过，可是前段时间她也为皮肤发愁了。原来晓梅开了一家淘宝店，生意很火，因为人员不足，她基本上每天都要面对电脑工作，向客户介绍自己的商品并处理售后等事情。等一照镜子，晓梅发现脸上出现了大大小小的斑点，尤其是眼角和鼻子两边，虽说颜色不深，可以用粉底遮住，可是晓梅还是觉得不敢见人。于是，她把我请去了她们家，叫我给出出主意。去的时候，晓梅正在用自家的酸奶机做甜酒，也就是俗称的酒糟，于是我就给她推荐了自制甜酒的面膜。

第一种：甜酒面膜。将甜酒中的大米舀出一两勺，研磨碎之后，加一点点水，把脸洗干净之后敷在脸上，15分钟或者20分钟后清洗干净。另外也可以将一张压缩面膜纸放入甜酒中，让面膜纸充分吸收营养物质，不过用面膜纸的话，敷在脸上10～15分钟就可以清洗了。

如果在家里没有做过甜酒，可以去市场买现成的醪糟回来自己做。

第二种：醪糟面膜。用温水将酒糟调开，一定注意不能太稀，最好黏稠一些，以黏在脸上不掉下来为标准，清洁面部之后，就可以将稀释过的酒糟面膜涂抹在脸上了，约8分钟后清洗掉。

听了我的介绍，晓梅还有点儿不敢相信，她一直最喜欢喝的甜酒竟然可以治疗自己脸上的斑点。我叫她试一试，没想到过了一段时间，她脸上的斑点的确少太多了，而且她发现这个面膜还可以美白，她整个人的肤色都比以前白了。

没错，甜酒面膜不仅可以祛斑，还可以美白。酒糟里含有麹酸，麹酸是一种美白成分，可以淡化斑痕，减少黑色素的沉积，它进到皮肤细胞中，可以和细胞里的铜离子络合，从而改变络氨酸酶的立体结构，这样一来，络氨酸酶就被抑制住了，同时也抑制了黑色素的生成，淡化了皮肤的斑。

此外，甜酒还可以做爽肤水，晚上将甜酒直接涂抹到脸上，第二天早晨洗干净，就是一种不错的自制爽肤水。需要注意的是，无论是甜酒还是酒糟都是含有一些酒精成分的，一些人可能会对酒精过敏，所以在做DIY面膜之前，要在手上试验一下是否过敏，然后再涂抹在脸上。

第八节
薏仁牛奶面膜 重塑自然肌

（1）薏仁粉面膜

原料：薏仁粉，水

工具：研磨碗，小汤匙，加热锅

配方：将薏仁放入研磨碗中进行充分的研磨，研磨好后放入碗中，加入适量的水进行搅拌，搅拌均匀之后，用小火蒸，大概五分钟之后取出面膜粉，待面膜粉温度降低之后，最好在面膜粉还在湿热状态时使用。

用法：清洁面部，将湿热状态的面膜粉均匀涂抹在脸上，20分钟之后，清洗干净。

（2）薏仁牛奶面膜

原料：薏仁粉，白芷，牛奶

工具：小碗，面膜棒，小汤匙

配方：将适量薏仁粉放入小碗中，再加入白芷少量，稍稍搅拌，兑入适量的牛奶，充分搅拌成糊状。

用法：清洁面部，将已经调制好的面膜，均匀涂抹在脸上，15～20分钟之后，用温水清洗。

女人非常害怕长斑，一张有斑的脸，就是气色再好，也会显得有些粗糙和苍老。市场上一些祛斑产品也是层出不穷。但是，这些产品多多少少都含有一些化学物质，能不能祛斑暂且不谈，那些化学物质对皮肤产生的伤害才是真真切切的。而那些切实有效的祛斑产品，添加的化学物质会更多，对皮肤产生的伤害也就更大了。

我的大学同学心晴，她就遇见过这种状况。她的皮肤不好不差，最起码不像其他女性朋友似的，每天为了肌肤忙东忙西的，她过得很随意，偶尔上火会长个痘痘，也不怎么在意。前段时间，她开始为皮肤着急上火了，因为年纪轻轻的，脸上竟然长出了难看的斑点，这可把她急坏了。一个两个的痘痘可以不管，时间长了，它自己会慢慢下去的，可是斑点要是出来了，它自己可不会凭空消失的，而且越长越多。于是她找到了我，问我该怎么办，有没有能够对付色斑的更好的护肤品，我仔细观察了她的脸，脸上的斑还不算特别严重，于是我给她推荐了薏仁面膜。

第一种：薏仁粉面膜。将薏仁粉充分研磨之后，加入适量的水进行调和，然后用小火开始蒸，蒸上一会儿就好，将面膜取出来冷却，这个时候可以去洗脸，等到面膜温度降下来之后，趁着它呈现湿热状态时，敷在脸上，20分钟之后，清洗干净。

第二种：薏仁牛奶面膜。将一些薏仁粉和白芷放在一起，兑入一些牛奶之后，充分搅拌成糊状。清洁面部，将调制好的面膜均匀涂抹在脸上，15～20分钟即可。

心晴听了我的介绍，多少有些怀疑，薏仁粉她听说过，不过都是用来吃的，怎么就用来美容了呢？这种吃的东西要涂抹在脸上不是很奇怪吗？其实，薏仁是一种很好的美容材料。它含有丰富的蛋白质，能够将酵素分解掉，还可以使皮肤光滑细腻，淡化面部的斑点，祛除皱纹，还具有美白的功效。持续使用，可以让肌肤水嫩白皙，让斑点淡化消失。

听了这些，心晴决定试一试。大概过了一个多月的时间，她就给我来了电话，告诉我说，自己试了薏仁面膜，现在脸上的斑点已经少多了，皮肤也白了许多，还说要感谢我。解决了她的问题，我也就放心了。

其实，薏仁粉还可以和珍珠粉搭配祛斑，取20克的薏仁粉加上0.15克的珍珠粉，加上水进行调和，清洁面部之后敷在脸上，20分钟之后清洗掉，就能美白祛斑，让肌肤呈现细腻白皙。

另外还有一个关于薏仁粉的保养小妙招，那就是每天早晨的早餐，如果喜欢喝牛奶或者豆浆的话，就可以在里面加上一点薏仁粉，就是这样一个小小的举动，就可以让你收获颇丰：一来可以养颜美白，二来可以防止衰老，三来还可以悄悄地瘦身，这可是一举三得。

其实，薏仁还可以和多种食材搭配起来做面膜的，比如说和脱脂奶粉和蛋清搭配，可以收缩毛孔，和荷叶粉搭配可以瘦脸，和绿茶搭配可以消炎收敛皮肤。这样说来，无论是食用还是美容，薏仁都是一种不可多得的好东西了。

第九章

祛痘DIY

多点时间多点爱，飞扬青春不要"痘"

第一节
红豆绿豆面膜 以豆战痘疗效佳

（1）红豆面膜

原料：红豆，清水

工具：搅拌机，锅，小碗，面膜棒

配方：先煮一锅水，将清洗干净的红豆放入到沸水中，清煮30分钟，直到红豆变得软烂，然后把红豆捞出来放入搅拌机中打成红豆泥，放入小碗中冷却。

用法：清洁面部，将做好的红豆面膜均匀敷在脸上，约15分钟后用温水洗净。

（2）绿豆面膜

原料：绿豆粉，新鲜生菜叶，纯净水

工具：榨汁机，小碗，面膜棒

配方：取生菜叶3～5片清洗干净，放入榨汁机中榨汁后，将汁液倒入小碗中，再加入两大勺绿豆粉和适量纯净水，搅拌成糊状。

用法：清洁面部，先用热毛巾敷脸5分钟，然后取已经做好的面膜均匀涂抹在脸上，避开眼睛和嘴唇，15分钟之后清洗。

痘痘似乎是每个女人的天敌，再漂亮的一张脸，一两个小痘痘就会毁坏整体的形象。而且，痘痘是十分娇气的，不小心把它弄破，或许还会留下伤疤或者是许多痘印，就算给它很长时间让它自己恢复，也还会留下一些难看的痘印。所以，每次痘痘来袭，大家都会异常恐慌，千方百计想要消灭它，一轮又一轮的战痘大战就此展开了。

我以前有一个邻居，她似乎从青春期就特别爱长痘，据我观察，她是油性肤质，又比较爱上火，所以痘痘就经常会找上她。为了战胜痘痘，她也吃了不少苦，据说之前还和一个什么美容协会签订了合约，不祛痘不收费，结果当时痘痘是下去了，可是一段时间不注意，痘痘再次冒了出来。那次去她家借东西，她就向我诉说了这个烦恼，于是我就把以“豆”战痘的自制面膜教给了她。

第一种：红豆面膜。先煮一锅水，然后把清洗干净的红豆放入沸水中继续加热约30分钟，将变软的红豆放入搅拌机中打成红豆泥，冷却，清洁面部之后，将红豆泥涂抹在脸上，15分钟后用温水清洗。

第二种：绿豆生菜面膜。将生菜3～5片放入榨汁机中，将榨好的汁液倒入小碗，再加入两勺绿豆粉和适量清水，充分搅拌。洗脸之后，将做好的面膜涂抹在脸上，15分钟之后，即可清洗。

邻居对我还是半信半疑，毕竟她签约的那个美容协会很高级的，人家都没有摆平的事情，自己弄几个豆子就能摆平了吗？我于是解释道，如果是吃红豆的话，红豆可以利水除湿、消肿消

毒，用在美容上，它也可以排毒消炎，清热解毒，将皮肤过多的油脂排出来。这款红豆面膜还可以有效地防止痤疮，坚持使用之后，油性肤质也会有所改善。而绿豆生菜面膜的功效也不可小觑，绿豆偏寒性，可以凉血消炎，控油防痘，而生菜则能够舒缓肌肤，这两者的搭配能够防止因为皮肤受到刺激而产生的痘痘。这两款面膜都是针对痘痘的，天然无刺激。

邻居决定试一试，没想到过了两个月，她开心地跑到我家，给我送来了自己做的绿豆冰沙，说我的面膜真是有效，她用了这一段时间，感觉脸上滑滑的，痘痘也少了很多。我仔细观察了她的脸，痘痘的确是少了。不过，我还是提醒她，自制的面膜需要坚持做，一个星期一两次就可以。另外，做红豆面膜时，一定要记得把红豆煮烂，否则粗糙的红豆会将皮肤磨破的。而且，在做红豆面膜时，也可以将红豆和绿豆放在一起煮，同样的方法，效果同样不会差。

第二节 花茶珍珠粉面膜 花容月貌不是梦

（1）花茶珍珠粉面膜

原料： 珍珠粉，花茶，纯净水

工具： 面膜纸，小碗，面膜棒

配方： 将花茶泡开，直到有淡淡的茶香味飘出，加入适量珍珠粉，搅拌均匀。

用法： 清洁面部，将做好的面膜均匀涂抹在脸上，然后将面膜纸覆盖在最上层，约20分钟后，用温水将脸洗干净。

（2）芒果花茶面膜

原料： 芒果，茉莉花茶，面粉

工具： 杯子，小碗，榨汁机，勺子

配方： 将茉莉花茶泡水待用，将芒果洗干净，取出果肉后放入榨汁机中，然后把茉莉花茶也放入榨汁机中，榨汁之后，取出放入碗中，加入面粉调成糊状。

用法： 清洁面部，将做好的面膜均匀涂抹在脸上，20分钟之后清洗干净。

能拥有一张永葆青春的脸，是每个女人梦寐以求的事情，可是青春总是免不了青春痘的骚扰，谁都想只要青春不留痘，可是哪有那么简单呢？青春期因为内分泌暂时紊乱导致青春痘的出现，尤其是对一些油性肤质的人更明显。青春期后，又会因为月经期或者油脂分泌旺盛而导致痘痘出现。可见，痘痘真是让女人的心烦透了。

拥有痘痘问题的人还不少，晓宁就是其中一个。她是我大学时期的师妹，我俩通过社团活动而结识。如果没有那些烦人的痘痘的话，晓宁的脸应该是十分白皙光滑的。毕业之后，晓宁参加了工作，本以为脱离了青春期，痘痘就会消失的，没想到脸上的痘痘却丝毫没有减少的迹象，于是她找到了我。我仔细观察了一下，发现她的肤质是属于中干性的，之所以总有痘痘，是因为内部的火所致，加上经期的时候，自己不注意调节，内分泌总处于紊乱状态，因此才会不断有痘痘产生。于是，我先是告诉她，要好好调理一下她的身体，不要总熬夜，经期注意保养自己，另外，还教给她两种花茶面膜。

第一种：珍珠粉花茶面膜。将花茶泡开，有淡淡香味时，加入适量珍珠粉，充分搅拌。清洁面部，将做好的面膜均匀涂抹在脸上，然后在上面盖上一张面膜纸，20分钟之后，用温水清洗干净。

第二种：芒果茉莉花茶面膜。先把茉莉花茶泡开，然后将芒果洗干净，取出果肉，放入榨汁机中，再加入泡好的花茶，开始榨汁，取出汁液加入适量的面粉搅拌。清洁面部，将做好的面膜涂抹在脸上，20分钟之后清洗。

花茶不仅是非常好的饮品，同时也是非常好的养颜产品，像第一种面膜用的便是玫瑰花茶。玫瑰是花中之王，玫瑰花茶可以清火润喉，还可以消斑除皱，具有非常好的养颜功效。玫瑰花茶和珍珠粉的结合，能够给予皮肤很好的滋养，同时可以消炎排毒，对付痘痘十分有效，还可以嫩白肌肤。而第二种面膜中，茉莉花茶可以疏肝和胃、理气解郁，还可以调理月经，再搭配上芒果，可以补水控油，嫩白肌肤。这两种面膜都比较实用，而且适用于各种类型的肌肤。不过，需要注意的是，花茶是提取自花的成分，有些人会产生过敏现象，所以在做花茶面膜时，一定要先在手上做皮肤试验，确定皮肤不过敏之后，再开始做面膜。

花茶面膜的功效自然不假，如果搭配上花茶的饮用，内外一起调节，相信脸上的痘痘会好得更快的。

晓宁听了我的话，立即去市场上买了玫瑰花茶和茉莉花茶。大概过去了一个月的时间，她就来给我报喜，说自己脸上的痘痘好多了，最近这一段时间，她的家人也感觉气色都好多了。

另外，还有很多花草茶对驻颜有独特的疗效。比如薰衣草茶可以祛痘祛斑，还可以给皮肤增白以及修复疤痕；桃花茶可以美容养颜，还可以调节经血，也是瘦身的良方；杜鹃花可以润肤养颜，主治月经不调等病症；勿忘我可以给皮肤增白，还可以消除雀斑和粉刺，等等。所以，大家一定不要小看了花茶，花茶不仅可以内服，还可以外用，双管齐下，效果更佳。

第三节 丹参栀子面膜 中药祛痘了无痕

（1）白芷白癣面膜

材料：白芷，白癣皮，硫磺粉

工具：研磨碗，小碗，面膜棒

配方：将50克白芷和20克白癣皮清洗干净，晾干，放入研磨碗中研磨成细粉状，在这些细粉中加入适量的硫磺粉，加入水搅拌均匀成糊状。

用法：睡觉前，清洁面部，将做好的面膜均匀涂抹在脸上，第二天再清洗干净，如果觉得睡觉不方便，也可以敷20～30分钟后清洗。

（2）丹参栀子面膜

原料：丹参，黄岑，栀子，银华，蜂蜜

工具：砂锅，小碗，面膜棒

配方：丹参10克、黄岑15克、栀子15克、银花15克放在清水中浸泡2个小时，然后将这些成分和泡过的水一起放入砂锅中，小火煮半个小时，滤去药渣，取出药液，再次将药液加热，然后加入蜂蜜，搅拌之后，调成糊状。

用法：用温水清洁面部，然后将做好的面膜均匀涂抹在脸上，30分钟之后清洗干净。

痘痘的可怕，我们之前已经介绍过了，不少人也深有体会，在这里就不多说了。有些人总觉得越是昂贵的美容产品，祛痘效果就越好，其实不然。昂贵的东西之所以昂贵不仅在于产品本身，还有很多其它的原因。我自己就是一个很好的例子，十几岁开始长青春痘的时候，一个老中医告诉我什么洗面奶都别用，就买硫磺皂，每天两次。我当时不太相信的，硫磺皂一块五一块，能比几十块钱的祛痘洗面奶好用？还别说，硫磺皂是真的好用。第一次用，觉得脸上有点儿烧，后来就觉得脸上的油腻感减轻多了。坚持了大概两个月的时间，脸上的痘痘基本上都消失了，而且脸也不怎么出油了。没错，这就是硫磺皂的显著效果。

我的同事爱茗就是一个十分爱长痘痘的人。小姑娘长得很漂亮，一双大眼睛十分闪亮，就是她脸上的痘痘，让人看着都难受。她说尝试了好多祛痘产品都没有用，痘痘反而更多了，于是我就给她推荐了两种纯中药的祛痘面膜。

第一种：白芷白癣面膜。将50克白芷和20克白癣皮清洗干净后晾干，研磨成细粉后加入一些硫磺粉，用水搅拌成糊状，清洁面部之后，将此面膜涂抹在脸上，可以用作睡眠面膜，也可以在20～30分钟之后清洗干净。

第二种：丹参栀子面膜。取丹参10克、黄岑15克、栀子15克、银花15克在清水中浸泡，然后连同浸泡的水一起放入砂锅中，小火煮半个小时，滤去药渣，取出药液煮第二次，进行浓缩，最后加入蜂蜜，搅拌成糊状。清洁面部之后，涂抹此面膜，30分钟即可清洗。

第一种面膜中的白芷含有挥发油、白芷素以及香柠檬内酯等成分，可以达到活血化瘀和排脓消肿的效果，而硫磺和白癣皮均有去油的效果，三者搭配起来，既可以治疗面部的痘痘，又可以对油性皮肤进行护理，防止痤疮和暗疮再生。而第二种面膜中，黄岑、栀子和银花都具有清热解毒的功效，可以抗菌消炎。所以，它们搭配在一起绝对可以消除面部的痘痘。而且，纯中药的自制面

膜是可以每天使用的。

爱茗是一个不相信中医的人，她总觉得中医很荒谬，像那些武侠小说似的，但是听了我的讲解，她决定试一试。没想到不出一个月，她脸上的痘痘就少了大半，这下她可信了。不用不知道，一用吓一跳，没想到中药的面膜竟然这么管用。

的确，很多人和爱茗一样不信任中药。殊不知中医是中华民族的传统精华。有些人总觉得吃中药也好，做中药面膜也好，都是极其麻烦的，还不如西方的药片或者美容产品见效快。不过，你别忘了欲速则不达的道理。中药虽见效慢，但是效果好，而且不会对身体产生副作用。

第四节
白菜面膜 无痘肌肤更美丽

（1）冬瓜桃子双仁面膜

原料：冬瓜仁，桃子仁，蜂蜜

工具：小碗，勺子，研磨器

配方：1. 先晒干冬瓜子仁、桃仁。

2. 用研磨器把冬瓜仁和桃子仁研磨成粉状。

3. 把冬瓜仁和桃子仁的粉到进小碗中，再倒进适量的蜂蜜。

4. 用勺子均匀搅拌。

用法：洁面后用热毛巾敷脸10分钟，先拍打一些爽肤水，将面膜均匀地敷在脸上，15分钟后洗干净，每周1～2次。

（2）白菜面膜

原料：白菜叶

工具：擀面杖，菜板

配方：1. 先把新鲜的白菜叶和菜板洗干净。

2. 把洗干净的新鲜大白菜叶放到菜板上摊平。

3. 用擀面杖轻轻碾压白菜叶，直到叶片呈现糊状。

用法：洁面后用热毛巾敷脸10分钟，同样先拍打一些爽肤水，把白菜叶糊均匀地涂抹到面上，10分钟后更换1张菜叶（也是捣成糊状的），连换三张为一次。

一次，我和好友丽华在看一个有关土耳其的美食纪录片的时候，丽华边看边发出感慨，说为什么每个出现在镜头面前的土耳其女人，皮肤不单光滑没有痘痘，而且还红润有光泽呢？可能说者无意听着有心吧，作为一个对美容护肤这方面特别有心的人，我特意转过头观察了一下丽华最近的皮肤状态。

我发现，她的肤质还是挺好的，只是额头和下巴那里长了些痘痘。尽管她的痘痘长的不多，但是这使那张平滑的脸看起来毕竟不太雅观。我想了一下，按照丽华现在的年纪，她不应该长这样的痘痘啊。于是，我就问她，最近她有没有吃一些很上火的东西，或者有没有经常熬夜。

丽华告诉我，她平常很注重睡美容觉的，所以不怎么熬夜，不过可能最近由于天气炎热，再加上她喜欢吃湿热的芒果，还有辛辣的食物，自己常常感觉很上火。最后，她很无奈地表示，也不知道是不是吃太多容易上火的食物，使得她脸上的痘痘时不时就冒出来。她问我，针对这方面的痘痘有没有什么有效的办法。

我告诉丽华，由于每个人的体质不同，发痘的原因也有所不同，但是如果是由内分泌失调引起的痘痘，外调是没有用的，只能就医检查。而丽华这样的年纪，说内分泌是诱因的话，可能性不大。这应该是由于她平时喜欢吃燥热的东西引起的。

想到她刚才艳羡土耳其女性的皮肤，我马上记起一个在土耳其广受欢迎的蔬菜祛痘面膜。

丽华一听土耳其的爱美人士有种顺手拈来的面膜，立即要我告诉她。其实，蔬菜面膜做起来比听起来更加容易。

第一种面膜就是融合了冬瓜仁和桃子仁的双仁面膜。首先要把冬瓜仁和桃子仁晒干，这点很重要，如果这些果仁还含有大量的水分就不好研磨了。接下来，就是把晒干的果仁用研磨机研磨成粉状，再把粉状物装进小碗中，倒进一定量的蜂蜜。蜂蜜的用量，可以根据个人的喜好来定。然后，把成为糊状的果仁蜂蜜面膜均匀涂抹在已经洗干净的脸上，敷上的面膜时间不宜过长，十几分钟就好了。

还有一种面膜就是白菜面膜，这种面膜的制作方法十分简单。前提是一定要把新鲜的白菜洗干净，因为这些白菜可能会留有过多的农药。洗干净白菜后，取下鲜嫩的白菜叶放在菜板上摊平，用擀面杖轻轻碾压，直到菜叶变成网糊状。最后，把网糊状的白菜叶均匀地涂抹在脸上，约10分钟后，换上另外一张加工过的菜叶，三张为一次。

丽华很认真地边听边做笔记，最后说她一定要轮着做这两款面膜，看看这些蔬菜面膜究竟有没有效果。就这样过了一段时间，当我再次见到丽华的时候，看到她额头上的痘痘几乎没有了。

我告诉她，蔬菜面膜祛痘效果之所以这么好，就是因为蔬菜中富含各种维生素等营养物质，而且蔬菜还能控制油脂，特别是大白菜有清热解毒的作用。所以用蔬菜对付一些由于上火引起的痘痘，效果自然很好。

第五节
青苹果茶树面膜 轻松做个无痘美人

（1）青苹果柠檬面膜

原料：青苹果1个，柠檬汁1小勺，蜂蜜，面粉1大匙

工具：榨汁机，小碗，搅拌勺

配方：1. 青苹果洗干净，切成小块。

2. 把小块的青苹果放进榨汁机中榨汁，用小碗盛出苹果汁。

3. 加入一勺柠檬汁和适量的蜂蜜搅拌，再放进面粉。

4. 用勺子均匀搅拌。

用法：洁面后用热毛巾敷脸10分钟，将制作好的面膜均匀地敷在脸上，15分钟后洗干净，每周1～2次。

（2）青苹果茶树面膜

原料：青苹果1个，珍珠粉适量，茶树纯露适量

工具：小碗，小勺，榨汁机

配方：1. 青苹果洗干净，切成小块。

2. 把小块的青苹果放进榨汁机中榨汁，用小碗盛出苹果汁。

3. 加入适量的珍珠粉和茶树纯露，用小勺搅拌均匀。

用法：洁面后用热毛巾敷脸10分钟，先拍打一下茶树纯露，再把自制的青苹果面膜均匀地涂抹在脸上，15分钟后清洗干净。

没有人是完美的，也没有人长着一张无瑕的完美脸蛋。人总会遇到这样那样的烦恼，比如皮肤上的烦恼。如花的年纪，总是有一些痘痘伴随，这不能不让人心烦意乱。

邻居的女儿春玲就遇到了这样的青春烦恼。因为听附近的人说我有好多能够解决皮肤问题的自制面膜偏方，她就找上了我。我一看这愁眉苦脸的小姑娘，马上就请进屋，仔细观察她脸上的痘痘属于哪种类型。只见在她两边原本红扑扑的脸颊上，长满了一大片红色的痘痘。这种痘痘的形成是由于角质和皮脂形成堵塞，使毛孔内真菌大量繁殖，毛孔周围产生了炎症。她还说有时候脸颊还会伴有轻微的疼痛感。

看到她的痘痘类型，我马上想到可以利用青苹果中的类黄酮素与单宁酸，可以为她的肌肤排除毒素。青苹果中含有的维他命C、丰富矿物质及苹果酸，能够起到一定滋养和收敛毛孔的功效，而且由青苹果制作而成的面膜能够弥补肌肤流失的水分，基本适用于各种类型的肤质。于是我就向她推荐了这两种面膜。

第一种是青苹果柠檬面膜。取一些新鲜的青苹果，清洗干净后，切成块，便于榨汁。然后用榨汁机榨取青苹果的新鲜汁液，用小碗装好，加入一勺柠檬汁和适量的蜂蜜和面粉，然后用小勺子均匀搅拌，一款自制的青苹果面膜就完成了。在清洗干净后，均匀地涂抹在脸上，15分钟后，清洗干净。不过敷这款含有柠檬的面膜，一定要注意不要立即晒太阳，否则柠檬中含有的见光性物质，会使皮肤产生黑斑。

第二种是青苹果茶树面膜。把青苹果清洗干净后，切成小块，用榨汁机榨

取出新鲜汁液。用小碗盛出苹果汁，倒进适量的茶树纯露，注意茶树纯露不用倒得太多。然后放进适量的珍珠粉，用小勺子均匀搅拌，使得汁液和珍珠粉充分融合。洁面后，用热毛巾敷脸10分钟，先拍打一下茶树纯露，再均匀地涂抹上青苹果珍珠粉面膜，15分钟后清洗干净。

春玲问我，这些痘痘已经在她脸上很长时间了，这两款简单的青苹果面膜，可以有效地祛痘吗？我告诉她，抵抗痘痘方法的确有很多种，但是很多人会采取最有害最快捷的方法，那就是用手去挤，这样做会给皮肤留下痘印，或者挤得不干净，会有更深的粉刺留在皮肤里面，一有机会这些粉刺会再冒出来，挤大毛孔。

对付痘痘最有效的方法就是使用含有果酸的产品，因为果酸含有很强的渗透力，可以快速疏通和溶解表皮细胞及毛孔间的堵塞物，立即让毛孔变得通透，从而减少痤疮杆菌的繁殖，而这种痤疮杆菌就是产生痘痘的重要原因。另外果酸还可以抑制皮脂的分泌，有杀菌消炎的功效。

而青苹果就含有很高的果酸成分，这就是青苹果能够祛痘的基本原理。就这样过了一段时间，我再见到春玲时，发现她的脸已经变得光滑细嫩了。她高兴地说，青苹果祛痘的方法真的很有效果呢。

第六节
白果蛋清面膜 英勇战痘快又佳

（1）白果杏仁粉面膜

原料：白果5粒，杏仁粉5克，蜂蜜适量

工具：研磨器，小碗，搅拌勺

配方：1. 白果洗干净后，用研磨器捣碎，装进小碗中。

2. 把杏仁粉和蜂蜜一起倒进小碗中，用勺子均匀搅拌至糊状。

用法：洁面后用热毛巾敷脸10分钟，将制作好的面膜均匀地敷在脸上，15分钟后洗干净，每周1～2次。

（2）白果蛋清面膜

原料：白果5粒，蛋清适量，面粉1大匙

工具：小碗，小勺，研磨器

配方：1. 白果洗干净后，用研磨器捣碎，装进小碗中。

2. 在小碗中倒进适量的蛋清，用小勺子均匀搅拌。

3. 再倒进面粉，用勺子均匀搅拌直至糊状。

用法：洁面后用热毛巾敷脸10分钟，再把自制的白果蛋清面膜均匀地涂抹在脸上，15分钟后，清洗干净。

最近，公司新来了一位迷人的女同事晶晶。她刚刚大学毕业，一副对什么都觉得很新鲜的样子。有一次，她看到我教其他同事使用了一些天然自制的护肤方法，也感到很有兴趣。她问我，像她的T字部位的痘痘，用什么方法可以有效地祛掉。

我观察了一下她的皮肤，发觉有一些痘印在她的鼻梁两边，毛孔非常粗大，还有着很明显的白色粉刺，而在她的鼻头上，还长了很多黑黑点点的黑头。

我告诉她，长在她脸上的痘痘，一种是黑色痘痘，另外一种是白色的痘痘。这种白色痘痘，就是粉刺，属于痘痘的初期阶段，主要因为是肌肤角质变厚了，在这个过程中堵塞了毛孔，毛孔不能呼吸，皮脂也排不出分泌物，因而形成皮肤表面的隆起。而另外的黑色痘痘俗称为黑头，黑头是很容易在鼻子部位生成的痘痘，因为皮脂在毛孔被往上挤压时，遇到了灰尘，使得毛孔变脏和酸化，从而形成黑头。

晶晶说我说得挺对的，因为之前她去医院就诊的时候，医生也这么说，但是她用了很多种祛痘产品都没有效果。最后，她叹着气跟我说，现在她也不想再浪费精力去尝试市面上的祛痘产品了，能抑制这些粉刺再生就行了。

我安慰她，和痘痘作斗争，是一场持久的战争，如果她已经放弃了战斗的毅力，这些痘痘粉刺继续蔓延。市面上很多的祛痘产品，大都打着自家研制的名号，其实很多都是使用差不多的配方，所以根本不能有针对性地对付她脸上的痘痘粉刺。我问她，知不知道白果这种东西？晶晶说听说过。我告诉她，白果其实是银杏树的果子，在南方，很多人喜欢拿白果用来煲汤。因为白果可以补气养心，益肾滋阴，止咳化痰，还有排脓拔毒等作用，白果可以说是饭桌上很受欢迎的食物之一。

在美容功效方面，白果的水溶性成分能清除有氧存在下的超氧自由基，抑制化学发光，延缓人体的衰老，并能阻止脾脏组织的老年色素形成，分散已经成形的老年色素颗粒，直至其数量减少。在祛痘上，白果具有消炎杀菌的作用，可以抑制结核杆菌的生长，痘痘的成因之一就是体外带有多种细菌以及皮肤含有的真菌造成的，白果可以不同程度地抑制细菌的繁殖，从而达到祛痘的作用。

利用白果祛痘，除了可以选取新鲜的含有很高水分的白果直接涂抹在长有痘痘的位置外，还可以做成白果面膜。

首先，取5粒新鲜的白果，用研磨器研磨至糊状，记住这时候还会留有很多白果的汁液，这些汁液也具有很高的营养价值，所以不要随便就丢弃了。然后把研磨好的白果放进一个小碗中，倒进适量的杏仁粉，用小勺子搅拌均匀之后，再放进适量的蜂蜜，至于多少的蜂蜜合适，取决于个人对黏稠程度的需要。同样地，用勺子把各种溶液搅拌均匀。这样，白果杏仁面膜就完成了。在洗干净面部后，把白果杏仁面膜均匀地涂抹在脸上，也可以在痘痘沦陷区涂多一点，15分钟后，清洗干净面部。

还有一款白果面膜的做法也十分简单。同样选取5粒白果进行研磨，倒进小碗中，再在小碗中倒入蛋清，大约一个鸡蛋的蛋清分量就可以了，最后倒进适量的面粉，用小勺子均匀搅拌。同样地，把白果蛋清面膜均匀地涂抹在脸上，15分钟之后，洗干净面部。

不过需要注意的是，在食用白果的时候，炒食或煮食过量可能会引起中毒症状。所以在制作面膜的时候，也不宜使用过多的白果。可以在敷面膜之前，先在耳背涂抹一点，看看有没有过敏反应。

晶晶听完我的有关白果的祛痘面膜后，告诉我她准备回家就尝试一下。我告诉她，面膜需要坚持使用才会有一定的效果。一段时间后，她很高兴地告诉我，现在她脸上的粉刺越来越少了。

第七节
莲子珍珠粉面膜 清爽祛痘更护肤

（1）莲子珍珠粉面膜

原料：含心的莲子适量，珍珠粉5克

工具：榨汁机，小碗，搅拌勺

配方：1. 把洗干净的莲子放进榨汁机中榨汁。

2. 将莲子汁液倒进小碗中，倒进适量的珍珠粉。

3. 用搅拌勺均匀搅拌碗中的溶液至黏稠状。

用法：洁面后用热毛巾敷脸10分钟，将制作好的面膜均匀地敷在脸上，15分钟后洗干净，每周1～2次。

（2）莲子蛋清面膜

原料：含心的莲子适量，蛋清适量，面粉一大匙

工具：榨汁机，小碗，小勺

配方：1. 把洗干净的莲子放进榨汁机中榨汁。

2. 把榨取出来的莲子汁液倒进小碗中，放进蛋清，搅拌。

3. 最后倒进面粉，用勺子均匀搅拌直至糊状。

用法：洁面后用热毛巾敷脸10分钟，把面膜均匀地涂抹在脸上，15分钟后

清洗干净。

一天，我去朋友丽莎家做客，一踏进她家门就闻到一股带有淡淡清香的莲子羹的味道。丽莎告诉我，她最近经常熬夜，导致上火，不单身体上出现了各种燥热的症状，连她一直引以为傲的好皮肤，也长了很多痘痘。她知道莲子能清心火，所以特地煮上一锅准备好好降火的。

我一看，她脸上确实长满了很多黄色的痘痘，这种类型的痘痘称为化脓性的痘痘，主要是因为真菌繁殖而造成的炎症慢慢进入了真皮层，并且形成脓肿，使得周围的皮肤也受到损伤，这个时期的痘痘还会伴有疼痛感。

我告诉她，这莲子羹她真的煮对了。莲子羹能够清心火还能强心安神，特别适合熬夜的她。但是，这莲子还有一个功效，就是可以祛痘。不过，在告诉她怎么利用莲子祛痘之前，我需要看看她的莲子。

只见丽莎满脸疑惑地拿出莲子给我看，我掰开莲子一看，里面是空心的。丽莎告诉我，她虽然很喜欢莲子，但是对于莲子心的苦涩味，实在不能接受，所以每次她买莲子都是买已经去掉心的。我笑了笑告诉她，恰恰就是这带有甘苦味的莲子心才具有最好的清热解毒功效，所谓的苦口良药啊。

丽莎恍然大悟，忙问我，含有心的莲子怎么可以祛痘呢。

我告诉她，一般莲子都被用来做点心或者煲汤，其实莲子还可以做面膜。于是我向她推荐了两款用莲子制成的面膜。

第一种是莲子珍珠粉面膜。先用榨汁机榨取莲子的汁液，这样做可能会使莲子的用量比较大，但是可以保证面膜效果，这么做绝对值得。不过做莲子面膜，材料中的莲子必须含有莲子心，否则面膜效果会大打折扣。最后，倒进珍珠粉用勺子充分搅拌，直到成为糊状。这样一款莲子珍珠粉面膜就完成了，然后把面膜均匀地涂抹在脸上，避开眼睛和嘴角四周，15分钟后立即洗干净。注

意记得不要停留过长的时间，否则会适得其反。

第二种是莲子蛋清面膜。莲子蛋清面膜的制作步骤和莲子珍珠粉面膜差不多，首先，洗干净含心的莲子，用榨汁机榨取汁液。需要指出的是，莲子的水分含量可能没有其它果子高，所以可以适量加一点水，这个比例大概就是1：1。然后把汁液倒进小碗中，并在碗中放进一个鸡蛋的蛋清。这时，用勺子充分搅拌里面的溶液，一定要蛋清和莲子汁液充分混合，这样做可能会耗费一定的时间，但是均匀的面膜才能让脸部更好地吸收到营养。之后倒进适量的面粉，充分混合。最后，将面膜均匀地涂抹在脸上，记得之前就要清洗干净脸部，还可以适度拍打一些有祛痘功效的爽肤水。敷上面膜15分钟之后，把脸清洗干净。

要想通过这两款莲子祛痘达到祛痘的效果，需要长期地坚持。在使用频率上是一个星期大概两次，坚持两个月，两款面膜替换着使用。

丽莎听完表示她一定会好好试试这两款面膜，验证一下我讲的究竟对不对。两个月后，我再次去丽莎家做客。她非常高兴地给我看了看买来的带心的莲子。最近她一直都在敷莲子面膜，原先的黄色痘痘已经慢慢消退了。

第八节
益母草黄瓜面膜 清痘迅速不留痕

（1）益母草黄瓜面膜

原料：益母草两株，黄瓜一根，蜂蜜适量

工具：研磨器，榨汁机，小碗，搅拌勺

配方：1. 益母草洗干净后，沥干水分晒干，用研磨器研磨成粉末。

2. 黄瓜洗干净，用榨汁机榨汁。

3. 把黄瓜汁倒进小碗中，并倒进益母草粉，再倒进适量的蜂蜜，用勺子搅拌均匀。

用法：洁面后用热毛巾敷脸10分钟，将面膜均匀地敷在脸上，15分钟后洗干净，每周1～2次。

（2）益母草补水祛痘面膜

原料：益母草两株，压缩面膜纸，蒸馏水

工具：研磨器，小碗

配方：1. 益母草洗干净后，沥干水分晒干，用研磨器研磨成粉末。

2. 把益母草粉和蒸馏水倒进小碗中，比例大约为1:2。

3. 把压缩面膜纸放进碗中，令面膜吸饱水分。

用法：洁面后用热毛巾敷脸10分钟，把面膜纸敷到脸上，15分钟后清洗干净。

公司有一个很可爱的小妹，她平时很有活力，但是一到经期那几天就脸色暗沉，看起来就像一株凋谢的小草。

上年纪的大姐们知道，小妹八成是气血虚，淤血积聚。于是有人告诉她回去试试用益母草炖鸡蛋当汤水喝。因为益母草能够活血祛瘀和调经止痛，很多老医师在治疗月经不调的时候，都会加上这一味药。我在一旁听了忙点头附和着，告诉大家，益母草含有硒、锰等多种人体必需的微量元素，甚至能够抗氧化防衰老，具有相当好的美容美颜功效和抗衰防老功效，不论是在内服还是外敷上，都具有很好的效果。

我这么一说，立即引起了小妹的兴趣，她问我益母草能不能祛痘呢？因为她一到经期，脸上就会冒出很多痘痘，每次都是这样，令她觉得很是困扰。我告诉她，她这种类型的痘痘大都是由于内分泌失调引起的，益母草在内可以调理她体内的内分泌，在外同样可以治疗这方面引起的痘痘问题。

小妹立即央求我教她用益母草解决痘痘的方法。我告诉她，制作益母草面膜的步骤并不困难，不过可能有点繁琐。

首先，取两株益母草清洗干净，沥干水分之后切细晒干，用研磨器研为粉末。再取一根鲜黄瓜榨汁，在黄瓜汁内加入益母草粉末和适量的蜂蜜，用勺子均匀地搅拌好。等洗完脸后敷在面部，避开眼睛嘴巴四周，15分钟后洗干净。

听到这里，小妹说制作益母草确实有点繁琐，不过她还可以应付，但就觉得加上蜂蜜的面膜很黏稠，不是很习惯。我就告诉她第二款面膜不需要用蜂蜜。

取两株干净的益母草，沥干水分后晒干，然后切细进行研磨。等益母草研磨成粉状后，加入一定量的蒸馏水，比例大概是1:2。需要指出的是，蒸馏水可以用一些有祛痘功效的纯露代替，例如薰衣草纯露、茶树精油纯露等，但是绝对不可以用自来水来取代蒸馏水，因为自来水含有很多细菌，会影响面膜效果。然后，把压缩面膜纸放进含有益母草的溶液中，让面膜纸吸饱水分。最后，洗干净脸部，把面膜纸敷到脸上15分钟，时间不要过长，因为面膜纸很容易倒吸皮肤中的水分，在敷面膜的过程中，可以不停地喷洒一些益母草水，保持面膜纸的湿润。

其实，比起美白祛痘，肌肤更加需要的是补水，因为肌肤一旦缺乏水分，就会很容易产生各种各样的皮肤问题，所以在护肤上补水是一个很重要的环节，而益母草就恰好能够在祛痘的同时完成补水。

小妹边听边记下面膜的步骤，她说回家后一定要内服和外敷益母草，希望益母草真的可以帮她解决掉脸上的痘痘。

过了一段时间，小妹告诉我，她尝试的益母草面膜效果真的很好，现在她脸上的痘痘完全销声匿迹了。

我告诉她，其实益母草作为面膜使用，也只是祛痘的一种方法，还有一种就是可以制成益母草祛痘膏，不过方法可能更复杂了一些。具体的做法就是，取大约500克益母草，水洗晒干后，切成细段，再烧成灰。然后用醋调配成丸子再火烧，使其通体呈红色，反复多次后研细过筛，加入蜂蜜。

小妹听完马上就摇头，笑着说，太麻烦了，还是益母草面膜好，方便制作又管用。

第十章

滋养DIY
给肌肤多点营养，娇嫩平滑没道理

第一节
豆腐绿豆面膜 娇润肌肤的不二法门

（1）豆腐薏仁粉面膜

原料：豆腐一块，薏仁粉适量，蒸馏水

工具：小碗，搅拌勺

配方：1. 把豆腐放入小碗，用小勺的背面碾碎。

2. 在小碗中加入适量的薏仁粉。

3. 再加入适量的蒸馏水，用小勺子均匀搅拌好。

用法：洁面后用热毛巾敷脸10分钟，将制作好的面膜均匀地敷在脸上，15分钟后洗干净，每周1～2次。

（2）豆腐绿豆面膜

原料：豆腐一块，绿豆粉，蒸馏水

工具：勺子，小碗

配方：1. 把豆腐放入小碗，用小勺的背面碾碎。

2. 在小碗中加入适量的绿豆粉。

3. 再加入适量的蒸馏水，用小勺子均匀搅拌。

用法：洁面后用热毛巾敷脸10分钟，把面膜纸敷到脸上，约15分钟后清洗干净。

最近换季了，一到换季的时节，我总会收到各种各样有关皮肤问题的诉苦。不久前老同学张薇就问我，如何在换季的时候，还能够保持肌肤的娇嫩平滑呢？张薇是一个采编，经常需要外出采访，总会遇到肌肤缺水的问题，之前我告诉过她一个补水的面膜，用完后她觉得效果挺好的。这一次换季，她的皮肤变得毛糙起来，她很夸张地告诉我，现在她的脸部皮肤甚至比双手还要粗糙。所以她问，这次有没有什么好的自制面膜可以使她的皮肤光滑起来。

我想到她平时酷爱吃豆腐，于是告诉了她两款有关豆腐的面膜。想不到过了一段时间，她打电话告诉我，自从敷了我介绍的豆腐面膜，她的皮肤慢慢地变得平滑富有光泽，敷着滑滑嫩嫩的豆腐，皮肤似乎是在大口口地喝水。

其实，豆腐营养丰富口感细滑，是众所周知的绿色健康食品。不过可能除了吃，大家往往会忽视它的美容功效。豆腐中所含的大豆蛋白和异黄酮，能够抗氧化，可以让暗沉的肌肤恢复明亮的光泽。豆腐中含有天然的植物乳化剂卵磷脂，可以加强皮肤的保湿效果，能强化肌肤防御外界伤害的功能，豆腐的多种矿物质对皮肤都有好处，最理想的是这些营养成分敷在脸上，可以被皮肤很轻松地吸收进去。

所以，豆腐面膜坚持一个月左右的时间后，皮肤就可以变得娇嫩细滑，吹弹欲破。制作豆腐面膜的方法也非常简单。

选取一块质量上乘的豆腐，放到小碗中，用汤勺的背面碾碎，豆腐块一定要被碾压得十分碎，因为这样才有利于皮肤的吸收。碾碎完豆腐后，就在碗中加入适量的薏仁粉，因为薏仁粉可以美白滋润肌肤，还能消斑，所以和豆腐放在一起可谓最佳搭配了。这时，再倒进适量的蒸馏水，用勺子均匀搅拌。洗完脸后，把豆腐薏仁粉面膜均匀地涂抹在脸上，避开眼睛嘴四周，15分钟后洗掉。

还有一款豆腐面膜就是豆腐搭配绿豆粉，绿豆粉本身就具有排毒祛痘的功效，和豆腐搭配在一起，不单能起到嫩肤的效果，还可以深层洁净皮肤，疏通

毛孔的堵塞物。

同样地，用小碗装好上好的豆腐，用汤勺的背面碾压豆腐，记住一定要确保豆腐都碾碎了，好让肌肤吸收其营养成分。在小碗中倒进适量的绿豆粉，用勺子搅拌均匀，然后倒进适量的蒸馏水，同样用勺子搅拌均匀。在洗完脸后，把豆腐绿豆面膜均匀地涂抹在脸上，避开眼睛和嘴角四周，15分钟后清洗脸部。

老同学张薇就是通过坚持替换使用这两款自制的豆腐面膜，改善了她脸部粗糙的皮肤。张薇不停感谢我，笑言这款豆腐面膜一下子让她减龄了。我告诉她，利用豆腐作为面膜的原料，不单可以搭配绿豆粉和薏仁粉，根据个人的不同需要，有时候还可以拿豆腐搭配其它具有不同美容功效的材料，满足个人对美颜美肤的需求。

假如想要肌肤抗衰老抗氧化，起到保湿紧致的作用，可以把绿豆粉换成绿茶粉，同样的步骤，只是换成绿茶粉就可以了。假如脸上出现了老化的细纹，可以在碾碎豆腐后加入橄榄油，搅拌至乳液状，涂抹在脸上当面膜来敷。

最后，我很认真地告诉她，虽然这些面膜的原材料都属于天然无刺激的，但是每个人的皮肤底子不同，所以也不是每个人都是适合用这款面膜的。在敷面膜之前，最好涂抹一点在耳背或者手背上，测试一下有没有过敏反应。

第二节
蛋黄牛奶面膜 铸就蛋白肌的无限梦想

（1）蛋黄咖啡面膜

原料：鸡蛋，咖啡粉，蜂蜜，面粉

工具：小汤匙，过滤勺，小碗，面膜棒

配方：先把鸡蛋打碎，用过滤勺将蛋黄过滤出来，然后加入10克咖啡粉、一汤匙蜂蜜和2汤匙面粉，用面膜棒搅拌均匀。

用法：清洁面部，将做好的面膜均匀敷在脸上，要避开眼睛和嘴唇，15分钟后，用温水洗干净。

（2）蛋黄牛奶面膜

原料：鸡蛋，蜂蜜，牛奶，面粉

工具：小碗，面膜棒，过滤勺

配方：将鸡蛋打碎，蛋黄过滤出来，放入碗中，加入适量的蜂蜜和牛奶，先搅拌一段时间，然后加入面粉进行调和，搅拌成糊状。

用法：清洁面部，将做好的面膜均匀涂抹在脸上，20分钟之后，用温水洗干净。

身体需要营养，皮肤更是需要营养。有些人总认为吃进去的营养，可以给全身各部位提供营养，其实此话并不完全对。吃进身体里的营养的确有一部分可以转移到皮肤上，比如说饮食比较均衡和营养的人，皮肤红润有光泽，但是想拥有完美的肌肤，靠吃来获取营养是远远不够的，还需要让皮肤细胞吸收来自外界的营养，这也就到了考验护肤品的时侯了。有些人的皮肤不长痘，也不怎么出油，但是看上去总觉得少了些什么，这个时候就需要注意，皮肤缺少营养了。

我的高中同学婉清，皮肤底子确实不错，从来就不会为皮肤问题而着急上火，可是她的皮肤看上去没有什么大问题，但是也好不到哪里去，有时候还会影响到脸色，让人觉得生病了。参加工作之后，她更犯愁了，别的小姑娘打扮得靓丽十足，不管人家是用了化妆品还是什么的，总之看上去人家就是水水嫩嫩的。有一次因为皮肤的问题，婉清找我来诉苦，我告诉她这是因为皮肤的营养不够，如果她的皮肤能够有足够的营养，肯定不用化妆都可以光滑细腻，于是就给她推荐了两种蛋黄的面膜。

第一种：蛋黄咖啡面膜。打碎鸡蛋，将蛋黄过滤出来，加入10克咖啡粉，一勺蜂蜜和两勺面粉，进行搅拌，洗脸之后，把搅拌成糊状的面膜涂抹在脸上，15分钟后清洗干净。

第二种：蛋黄牛奶面膜。同样是把蛋黄过滤出来，加入一些蜂蜜和牛奶，进行搅拌，如果不能成糊状，需要加入一些面粉进行调和，直到可以让面膜黏在脸上，洗脸之后敷在脸上，20分钟后用温水洗干净。

大家都知道蛋清可以美容，因为蛋清中含有非常丰富的蛋白质。其实，蛋黄也是非常好的美容材料。蛋黄里含有比较多的磷脂，包括卵磷脂、甘油化物、固醇类物质以及其它丰富的营养素，比如说矿物质和维生素，所以，蛋黄美容丝毫不比蛋清逊色。咖啡粉其实也是很好的美容材料，可以活血，增进皮肤弹性，还可以缓解疲劳，它们搭配在一起，可以滋润皮肤，增强皮肤的弹性，还可以补充皮肤需要的营养并使皮肤光滑。而蜂蜜和牛奶也是非常好的滋润肌肤的物质，它们和蛋黄搭配在一起，能够补充肌肤缺失的各种营养物质，让肌肤变得细腻、有光泽，尤其可以给干性肌肤提供水分，具有保湿的作用。

听了我的介绍，婉清觉得真是不错，她以前也听说过别人用蛋黄美容，但是自己没有尝试过，她这次决定试一试。过了差不多一个月，就听她说自己现在像变了一个人似的，觉得皮肤好得不得了，感觉年轻了好几岁呢。

其实，蛋黄还有多种面膜的制作方法，它可以和很多东西搭配在一起。另外，再教给大家一个补充皮肤营养的超级简单的方法，只需要一个鸡蛋和一个维生素E胶囊就可以——将维生素胶囊刺破，滴进蛋黄里充分搅拌，洗脸之后涂抹在脸上，15分钟之后清洗。这个方法简单，但是功效却不容小觑，它可以给皮肤补水保湿，还可以收敛肌肤，防止皱纹的出现，让肌肤更加光滑水嫩。

第三节
银耳珍珠面膜 滋养肌肤无极限

（1）银耳珍珠面膜

原料：银耳，红枣，珍珠粉，矿泉水

工具：小碗，面膜棒，锅，面膜纸

配方：把银耳和红枣一起放入锅中，加入一些矿泉水，用大火煮，然后换小火熬，约一个小时。在碗中加入少量的珍珠粉，加入温开水进行搅拌，等银耳冷却后和珍珠粉混合，进行搅拌，然后把面膜纸放进小碗中浸泡。

用法：清洁面部，将面膜纸敷在脸上，15分钟之后拿掉面膜纸后，清洗面部。

（2）银耳鲜奶面膜

原料：银耳，白醋，鲜奶，橄榄油

工具：小碗，面膜棒，刷子，榨汁机

配方：将银耳放入榨汁机中打成粉末，倒入碗中，加入35克鲜奶和2克橄榄油以及两滴白醋，搅拌均匀。

用法：清洁面部，然后将调制好的面膜均匀涂抹在脸上，20～30分钟之后，清洗干净。

经常说银耳红枣熬的粥，可以给女人滋补身体，银耳也似乎成了呵护女人身体的良伴，女人的身体需要滋养，女人的皮肤更是需要滋养。其实，平常我们并不需要给皮肤太多的关注，只要它有足够的营养，就不会出现什么大的问题，就如同我们的身体，如果营养充足，免疫力就会提高，身体就不容易生病，这是一个道理。

举一个我朋友的例子。她从小皮肤就特别好，都说她是“白雪公主”，皮肤又白又嫩。她也是个很粗心的孩子，不太关注这些小细节，也觉得皮肤天生就好，不用怎么注意。可是自从工作之后，她的脸开始变得粗糙，尽管还是很白，但是总呈现出病态，她于是来找我，我就给她推荐了银耳面膜。

第一种面膜：银耳珍珠面膜。先把银耳和红枣放在一起煮，先是大火，再是小火，要煮上约一个小时，取出来放在一边冷却。把珍珠粉放在碗里，加上温水搅拌一起，因为珍珠粉不好调和，所以要单独搅拌，等银耳冷却之后再和珍珠粉混合，然后把面膜纸泡在里面，洗脸之后，这个面膜就可以用了，15分钟后拿掉面膜纸，清洗干净。

第二种面膜：银耳鲜奶面膜。把干银耳放在榨汁机里榨成粉末取出，加入35克鲜奶和2克橄榄油，还有两滴白醋，进行搅拌，清洁面部，将做好的面膜均匀涂抹在脸上，20～30分钟清洗掉。

我这个朋友听了可以用银耳做面膜觉得很新鲜。其实，银耳用在美容上一点儿也不新鲜。早在唐朝的时候，人们就已经发现它可以润泽肌肤了，据说唐贵妃就用银耳的汁液来洗脸。银耳中含有比较丰富的葡萄糖、海藻糖、多酸戊糖、甘露糖醇等，这些东西的结构和玻尿酸十分相似。我们知道，玻尿酸可是美容的佳品，但是银耳里的多糖体比玻尿酸的分子还要小，所以，它的汁液涂抹在肌肤上会更容易被吸收，营养也更丰富。和珍珠粉以及鲜奶搭配起来，更是将其护肤功效发挥到了极致。

朋友回家将这两款面膜试了试，感觉真的不错，第一次就觉得脸上滑滑的，而且也不黏，于是一直坚持了一个月，皮肤又回到了从前的状态。

其实我们还可以自制银耳的天然萃取液，具体方法是：将干银耳放在水里浸泡一整晚，然后捞出来放在锅里煮上两三个小时，停火之后，将银耳渣过滤，剩下的就是天然浓缩的银耳萃取液了，这个液体是可以喝的，加一些冰糖或者和一些果汁一起喝，效果也是可以美容的。当然，外用也可以——直接将液体涂抹在脸上，做爽肤水十分有效。但是这种液体需要冷藏在冰箱里，否则容易坏掉。值得注意的是，在做银耳面膜或者使用银耳萃取液之前，需要在手上做皮肤试验，如果一个小时内手上没有反应，可以继续使用，如果出现过敏现象，千万不能继续用了。

第四节
香蕉蜂蜜面膜 养护肌肤更简单

（1）香蕉蜂蜜面膜

原料：香蕉，蜂蜜

工具：小碗，面膜棒，小汤匙，榨汁机

配方：将一根香蕉去皮后放入榨汁机，榨成泥状，放入小碗中，加入两汤匙蜂蜜，搅拌均匀。

用法：清洁面部，把做好的面膜均匀涂抹在脸上，15分钟之后，用清水洗干净。

（2）香蕉奶油面膜

原料：香蕉，奶油，浓茶

工具：搅拌机，小碗，小汤匙，面膜棒

配方：将香蕉去皮后放入搅拌机，搅拌成泥状后取出，加入两汤匙奶油以及少量的浓茶，搅拌均匀。

用法：清洁面部，然后把做好的面膜均匀涂抹在脸上，15分钟之后，用温水清洗干净。

有人觉得脸上没有痘痘、没有粉刺就是好皮肤，其实对于拥有许多皮肤问题的广大女性来说，这两点都十分难做到。皮肤是很娇气的，它就像一个婴儿一样，需要用心呵护照顾。

我表姨家的女儿清清是一个高中生，因为学习紧张，所以比较辛苦，她经常被人以为早上没有洗脸，总让人觉得她的脸上像蒙上了一层黑气似的，怎么看都觉得别扭。于是她来找我，问我该怎么办。

我仔细观察了一下她的皮肤，粉刺痘痘基本上都没有，毛孔也没有粗大，可是看上去就是不精神。于是我告诉她，皮肤缺营养。然后给她介绍了两种自制香蕉面膜。

第一种：香蕉蜂蜜面膜。先把去皮香蕉放进榨汁机里弄成泥状，然后加上两汤匙的蜂蜜，搅拌成糊状，洗脸之后涂抹在脸上，15分钟后将脸洗干净。

第二种：香蕉奶油面膜。同样是香蕉去皮，搅拌成泥状，然后加入两汤匙的奶油以及少量的浓茶，进行充分搅拌，洗脸之后涂抹在脸上，15分钟后用温水洗干净。

清清年轻，自然喜欢新鲜的事物，所以我一说完，她就立马着手准备香蕉面膜了。不出一个月，她的小脸就真的容光焕发了。她还告诉我，学校里的同学都问她买了什么护肤品，还有一些爱开玩笑的同学问她怎么开始洗脸了。她现在可神气了，还把香蕉面膜传授给了同学们，但是大家都不明白，为什么平时大家都爱吃的香蕉还能这么大的功效？

其实，香蕉在水果界是十分有名的，它被称为“水美人”。香蕉里面含有丰富的维生素、蛋白质和淀粉，用香蕉来美容是上上之选。第一种面膜中，用香蕉和蜂蜜搭配，蜂蜜是天然的养分库，它的美容功效想必大家都知道，比如可以收敛皮肤提亮肤色等，两者搭配起来，能给皮肤以充足的滋养，让皮肤水嫩有弹性。第二种面膜中，奶油和香蕉搭配，可以减少色素的

沉积，淡化色斑，还可以让皮肤润泽亮白。其实这里的奶油，如果觉得不方便的话，也可以换成牛奶，效果其实是差不多的。一些皮肤底子比较好的人，还可以直接做纯香蕉面膜，方法同上面两种相似，只是没有其它的搭配物质，只需要一根香蕉。纯香蕉面膜可以让皮肤柔嫩清爽，改善皮肤暗淡无光的现象。

除此之外，香蕉含有丰富粗大的纤维，能够让肠道顺滑，带出肠道里的毒素，所以便秘的朋友要多吃香蕉，搭配上蜂蜜一起吃，效果更好。而且香蕉还是美腿的最佳水果，想要拥有一双修长的双腿，那就从吃香蕉开始吧。

第五节
玫瑰面膜 宠幸你的娇媚肌肤

（1）玫瑰面膜

原料：玫瑰花，香蕉，麦片，蜂蜜

工具：搅拌机，小碗，面膜棒

配方：将香蕉去皮后切成小块，将5克玫瑰花、30克麦片一起放入搅拌机中搅拌，搅拌好后放入碗中，加入蜂蜜，然后用面膜棒进行搅拌，调制成糊状。

用法：用温水清洗面部后用热毛巾敷脸，让面部毛孔打开，然后将做好的面膜均匀地敷在脸上，15分钟之后清洗干净。

（2）玫瑰酸奶面膜

原料：新鲜玫瑰花瓣，纯净水，酸奶，蜂蜜

工具：水果刀，纸巾，擀面杖，小汤匙

配方：将新鲜的玫瑰花瓣切成小块，放在纸巾上，加上几滴水之后包起来，用擀面杖轻轻在纸巾上压，让花瓣尽量黏稠湿润，然后取出放入碗中，再加入1汤匙蜂蜜和4汤匙酸奶，捣成泥状。

用法：清洁面部，然后把做好的面膜均匀敷在脸上，也可以进行一些面膜按摩，10分钟后用温水洗干净。

鲜花和鲜果，相信大家都喜欢，鲜花芬芳漂亮，鲜果美味又营养。如果说要给皮肤增加营养，大家首选的肯定是鲜果，因为水果营养丰富是人尽皆知的。其实，鲜花也有很好的美容效果，比如花中之王——玫瑰。玫瑰是爱情的象征，每个女人都渴望被爱，都渴望玫瑰一样的爱情，玫瑰就如同花中女王一样，娇艳美丽，盛气凌人，成为玫瑰一样的女人也是女人们的梦想。谁不想娇艳？谁不想美丽？谁不想傲视群芳呢？如果你也想成为玫瑰一样的女人，那就让玫瑰来呵护你的美丽容颜吧。

我的朋友叶梅，她就是一个像玫瑰一样霸气的女人，十足的工作狂，也干出了自己的一番事业，是个女强人。事业有了，爱情有了，可是青春不再了，叶梅这才想要把更多的精力放在自己身上，开始做美容，注重穿着，可是她发现皮肤怎么弄都不行。有天约她我出去喝咖啡，向我吐苦水，说自己老了，只顾着打拼了，一副愁眉苦脸的样子自己看着都揪心。我告诉她，这点儿事不用犯愁，我向她推荐了两种自制的玫瑰面膜。

第一种：玫瑰面膜。把香蕉去皮切成小块，连同5克玫瑰花、30克麦片一起放进搅拌机里，搅拌成泥状取出，加入蜂蜜，用面膜棒，搅拌均匀。清洁面部之后敷在脸上，15分钟之后清洗。

第二种：玫瑰酸奶面膜。取一些新鲜的玫瑰花瓣切成小块，撒上几滴水之后，用纸巾包起来，然后用擀面杖轻轻地压，把花瓣碾碎，取出后放入碗中，加上1汤匙蜂蜜和4汤匙酸奶，搅拌

均匀。清洁面部后使用，10分钟后用温水清洗。

我觉得玫瑰的气质很适合叶梅，所以推荐给了她。其实，想想玫瑰精油，就不难想到玫瑰面膜的功效。玫瑰里含有丰富的矿物质以及各种维生素，可以给皮肤提亮，还可以滋润皮肤，而且玫瑰花里的一些成分可以清除体内的自由基，消除色素的沉积，让皮肤充满活力。第一种面膜，玫瑰和香蕉、麦片的搭配，可以补充皮肤缺失的营养，滋润肌肤，还可以让皮肤保持水嫩白皙。而第二种面膜，换成酸奶和蜂蜜，功效也大致相同，酸奶可以美白，可以保持肌肤活力，蜂蜜的功效自然不用说了。所以，这三者的搭配绝对会让大家眼前一亮。但是有一些小问题需要注意，那就是玫瑰花瓣在使用前必须要清洗干净，否则可能会有一些残留的农药。纸巾要选好的，劣质的纸巾会影响效果，搞不好功夫就白费了。如果有化妆棉的话，用化妆棉也很好。如果做面膜的过程中，如果脸上觉得灼热或者刺痛，一定要停下来，然后把脸洗干净。

叶梅听了我的介绍，也觉得玫瑰很神奇，用惯了那么多名牌产品，没什么效果，于是就决定试试我这个配方。她回去之后就开始做玫瑰面膜，效果还不错。我第二次见她的时候，她整个人看上去精神多了，脸上很光滑，皮肤也细腻了许多。

如果新鲜玫瑰花瓣不好弄，可以买一些干花瓣泡水，功效上虽然比不上新鲜花瓣，但是制作起来还是挺方便的。另外，玫瑰的香味还可以调节人的心情，安抚人紧张的情绪，玫瑰花茶也是不错的饮品，可以疏肝解郁。所以，玫瑰花是不可多得的美容好材料，希望大家能够好好利用。

第六节
羊奶面粉面膜 完美你的无限魅力

（1）羊奶面粉面膜

原料：4匙羊奶，3匙面粉，4～5滴橄榄油

工具：干净一小碗1个，搅拌棒1个，温水适量

配方：将4～5滴橄榄油滴入4匙羊奶、3匙面粉中，加入适量温水，搅拌均匀成糊状。

用法：做好洁面工作后，将调好的面模糊敷在脸上15分钟左右，等待面膜干了用温水轻轻洗干净即可。

(2)羊奶草莓面膜

原料：羊奶1杯，草莓50克

工具：榨汁机1台，干净小碗1个，搅拌棒1个，面膜纸1张

配方：1、将1杯羊奶煮沸，放入小碗中待温热后使用。

2、将50克草莓放入榨汁机中榨出汁液，用干净的双层纱布过滤。

3、将草莓汁加入温羊奶中搅拌均匀，泡入面膜纸，让面膜纸充分吸收汁液。

用法：做好洁面工作后，将浸泡好的面膜拿出来敷在脸上，15分钟后拿

下，用手指轻轻按摩直至充分吸收。剩余的汁液则可以用来按摩颈部和身体其它部位的皮肤。

李娜是一个幼儿园的教师，在工作中她是一个认真负责的老师，在生活中她是一个善解人意的妻子和母亲。不过李娜和全天下的女人一样爱美，她喜欢幼儿园的小朋友喊她“漂亮老师”，喜欢自己的儿子说“妈妈的皮肤真白真光滑，是世界上最漂亮的妈妈”。为此，李娜很注重自己皮肤的保养，整天寻觅适合自己的美容秘方。

有一天逛街的时候我遇见了李娜，她正在给儿子买童装。可能是秋天天气干燥的原因吧，李娜的皮肤显得紧绷绷的，一看就是缺少滋养。这时李娜提到乡下的亲戚带给他们5斤羊奶。我说道：“其实这个羊奶对于你来说是有很大作用的。我看你的皮肤紧绷绷的，是缺乏营养和水分吧。你只要善于使用羊奶，就一定能比以前漂亮许多！”李娜听到我这样说，可来了精神：“是啊！最近我的脸一直感觉紧绷绷的，缺水很难受。一直尝试各种补水滋润的护肤品，可是往往是刚刚用过的时候感觉不错，过一会儿就不行了。听说牛奶可以做面膜，羊奶居然也可以吗？”我就给李娜推荐了两款羊奶面膜。

第一种是羊奶面粉面膜。取4匙羊奶、3匙面粉、4至5滴橄榄油，将4至5滴橄榄油滴入4匙羊奶、3匙面粉中，再加入适量温水，搅拌均匀成糊状，在做好洁面工作后，将调好的面模糊敷在脸上15分钟左右，等待面膜干了用温水轻轻洗干净。

第二种是羊奶草莓面膜。取1杯羊奶和50克草莓，将1杯羊奶煮沸，放入小碗中待温热后使用。将50克草莓放入榨汁机中榨出汁液，并用干净的双层纱布过滤。最后将草莓汁加入温羊奶中搅拌均匀，泡入面膜纸，待面膜纸充分吸收汁液后敷在脸上，15分钟后取下，用手指轻轻按摩至充分吸收，剩余的面膜汁液则可以用来按摩颈部和身体其它部位的皮肤。

我之所以给李娜推荐羊奶DIY面膜，是因为羊奶具有很高的营养价值，被人们称为“奶中之王”。羊奶含有丰富的维生素E和EGF因子，这在国外被称为“美容因子”，用来敷脸的话，则可以使肌肤滑嫩亮白，同时还能有效祛除色斑和痘印，磨平新生的细小皱纹，延缓衰老。

我给李娜推荐羊奶面粉面膜是因为羊奶和面粉本身就是非常优质的面膜原料，丰富的乳脂和橄榄油能够有效改善皮肤的干燥情况，特别适合干性和中性皮肤使用；而草莓和羊奶调和在一起，则可以清洁皮肤，温和地滋润、收敛皮肤，使毛孔收缩，让肌肤细致嫩白。

李娜听了以后很高兴，又问我：“要是天天喝羊奶，是不是也对身体好呢？”我回答她说：“那是当然。”中医认为羊奶属于温性，经常喝可以养胃补肾，特别是对于爱美的女士来说，羊奶是非常好的补养品，据《魏书》记载：“常饮羊奶，色如处子。”如果能够每天坚持喝上一杯羊奶，则可以从内部调理身体，再加上面膜的外敷作用，一定能达到“肤如凝脂”的效果。

李娜听了我的介绍很高兴，决定一回家就试用一下我告诉她的方法。后来她告诉我，第一次试用羊奶面粉面膜之后，就感觉皮肤滋润舒缓了很多，紧绷的感觉一下子就消失了。她坚持了一个月，每个星期用羊奶做三次面膜，坚持每天喝1杯羊奶，还用羊奶来泡热水浴。一个月之后，她的皮肤变得柔嫩细白了，本来开始有点粗大的毛孔，也细致了许多。她很开心，决定以后坚持喝羊奶、用羊奶做面膜，没有新鲜羊奶就去买羊奶粉。她说连他老公都说要谢谢我，把他妻子变得由内而外地透着美。

第七节
酥梨玫瑰精油面膜 养护你的细腻肌肤

（1）酥梨酸奶香蕉保湿面膜

原料：1/4个酥梨，1/4个香蕉，1匙纯酸奶

工具：料理机1台，干净小碗1个，搅拌棒1个

配方：1. 将1/4个酥梨，1/4个香蕉用料理机分别打碎后备用。

2. 将打碎后的酥梨、香蕉调入酸奶中，搅拌均匀成糊状。

用法：洁面后，将调好的面膜糊敷在脸上，15分钟后用温水洗干净。

（2）酥梨玫瑰精油面膜

原料：3～5滴酥梨精油，3～5滴玫瑰精油，15毫升矿泉水

工具：干净小碗1个，搅拌棒1个，面膜纸1张

配方：将3～5滴酥梨精油、3～5滴玫瑰精油（根据个人喜好酌情加减）滴入15毫升矿泉水中，用搅拌棒搅拌均匀。然后将面膜纸泡入调制好的面膜水中，让面膜纸充分吸收水分。

用法：洁面后，将准备好的面膜纸敷在脸上，15分钟后揿下，用手指轻轻按摩至吸收。

安娜是一个白领，因为工作原因，她时常在世界各地飞来飞去。也同样是因为工作，安娜必须每天保持光鲜亮丽的姿态，用漂亮得体的形象去迎接自己的客户。生活中的安娜对自己的生活质量要求也非常高，她喜爱所有清新自然的东西，如果是用护肤品，那就一定要用纯天然的东西。她有一个非常大的特点，就是喜欢吃世界各地各种各样的水果，用她的话来讲就是："水果是一棵树的精华，吃掉了精华人自然也漂亮啦。"

有次安娜来看我，提了一大兜酥梨来，说她最近爱上了这种水果，所以给我带点儿，让我也尝尝。后来聊着聊着，安娜就说起上次出差的时候没有做好防护工作，脸上的皮肤好像有点晒伤了，干干的紧绷着很难受，不知道该怎么办。我看着纠结烦恼的安娜，笑了，说："其实你送给我的酥梨果就能很好地帮助你。"安娜很惊奇，她不知道最近才爱上的这种水果有什么神奇的作用，急忙拉着我讲解。我给安娜推荐的两款面膜分别是酥梨香蕉酸奶保湿面膜和酥梨玫瑰精油面膜。之所以让安娜用酥梨做面膜，是因为酥梨的营养价值非常高且性质温和，含有丰富的维生素E、蛋白质等营养成分，它的成分与天然皮脂很相似，能够迅速地修复皮肤的受损部位，补充水分，同时预防水分流失，还能滋养皮肤。下面介绍一下这两种面膜的做法和用法。

第一种：酥梨酸奶香蕉保湿面膜。取1/4个酥梨、1/4个香蕉、1匙纯酸奶，将1/4个酥梨，1/4个香蕉用料理机分别打碎后调入酸奶中，搅拌均匀成糊状，敷在已经洗干净的脸上，停留15分钟后用温水洗干净。

第二种：酥梨玫瑰精油面膜。取3～5滴酥梨精油、3～5滴玫瑰精油、15毫升矿泉水，将3～5滴酥梨精油、3～5滴玫瑰精油（根据个人喜好酌情加减）滴入15毫升矿泉水中，用搅拌棒搅拌均匀。然后将面膜纸泡入调制好的面膜水中，待面膜纸充分吸收水分。洁面后，将准备好的面膜纸敷在脸上，15分钟后揭下，用手指轻轻按摩至吸收。

安娜听完我推荐的面膜，非常高兴，她惊喜地说："我只是喜欢吃这种水果而已，没想到酥梨还能帮我美容呢!"其实酥梨不仅能帮助爱美的女士护理皮肤，经常吃酥梨，对身体也是非常有好处的。因为酥梨含有丰富的维生素E、蛋白质、甘油酸酯等成分，然而它的果肉里的糖分含量却是极低的，非常适合减肥的美眉和糖尿病人食用，美国、日本和欧洲的许多国家都把酥梨视为果类珍品。

安娜听了我推荐的水果面膜后非常好奇，立即在我家试用了酥梨香蕉酸奶面膜，15分钟以后，安娜觉得皮肤没那么干了，原有的细纹也淡得几乎看不见了。安娜本来就是果断的女人，她立即决定回去就使用酥梨面膜进行护肤了。由于平时都挺忙，她就买了酥梨果精油，每天坚持敷一次面膜。一个月之后，安娜在美国给我打来电话，说她的脸真的细腻了许多，毛孔也缩小了很多。她说，既然酥梨果这么有效，以后就要坚持吃。